Web Designer

ウェブ・デザイナーが独立して年収1000万円稼ぐ法

川島康平

同文舘出版

まえがき

はじめまして！　ＬＰＯコンサルタントの川島康平です。

この本を手に取ってくださったということは、現在ウェブ・デザイナーとして働いているか、すでに独立している方だと思います。前者であれば、おぼろげながらも、「いつかは独り立ちしてガンガン稼いでみたい」、後者であれば、「フリーランスとしてもっともっと稼ぎたい」、そう思っているのではないでしょうか？

ひょっとしたら、サラリーマン・ウェブ・デザイナーとして３００万円台の年収と長時間労働に辟易している、あるいは、独立して自由は手に入れたものの年収は劇的にダウンし、いつまたサラリーマンに戻ろうか悩んでいる、という人もいるかもしれません。

かく言う私も、サラリーマン時代の年収はＭＡＸで５００万円弱の、実力的にもとても一流とは言えないウェブ・デザイナーでした。独立時の武器と言えば、多くの起業家と出会い、様々な話を聞いていた経験と２冊の著書を持っていただけ。独立後も数ヶ月は生活費も入れられないほど散々なスタートだったのです。

それでも紆余曲折を経ながら何とか６期目を迎え、今では社員総勢５名と外部スタッフ２名とともに仕事に励む日々を送るまでになりました。年収は正直、この本のタイトルを上回っています。

元ライブドアの堀江貴文氏やサイバーエージェントの藤田晋氏のように、有名でもビッグビジネスを興したわけでもない私ですが、同じウェブ・デザイナーという道を志したあなたに、私が現場で這いつくばりながら身につけた稼ぎ方や仕事の流儀を手渡すことで、少しでも年収1000万円達成のお役に立てたらと思い、執筆を決意しました。

私のたった二つのアドバンテージだった、「多くの起業家との出会い」は、実体験をありのままに書き綴りました。事例満載です。「著書を持っていた」ことについても裏話を交えつつ4ページにわたって解説しています。つまり、この本を最後まで読んでしまうと、「川島さんだからできたんだよ」なんて言い訳はもう通じないというわけです。

「いつかは独立する」と言う人はいっぱいいますが、本当に独立する人は、ほんのひと握りです。決して、ウェブ・デザイナーはみな独立するべきだなどとは思っていませんが、迷いの中にいる人であれば羅針盤として、大きな壁にぶつかったときには破壊装置として、社長兼ウェブ・デザイナーが本書に詰め込んだ思いを受け取ってください。

独立するのは、本書をお読みいただいてからでも遅くはありませんよ。

2014年2月

川島　康平

ウェブ・デザイナーが独立して年収1000万円稼ぐ法　目次

まえがき

1章　いつまでウェブ・デザイナーでいるの？

デザイン＋αが重宝される時代です　12
「いつまでウェブ・デザイナーでいるの？」／「安月給の長時間労働」が現実
年収1000万円への道／「売れるウェブサイト」が求められている

「描いて」「書いて」買い手を釘づけにしよう　18
身につけたいスキル／オールラウンドのスキルがなぜ大事か
訪問者に伝わる文章力が決め手／プロとしての付加価値

自分流をトコトン磨け　24
デザインだけではない自分の型作り／自分流の型を持つことのメリット
「売れるウェブサイト」に繋がるかどうか

いざ独立！　ドタバタ起業の光と影　29
私の独立物語／独立のスタイルを決定する／オフィスのこと
既存のお客様のこと／経験を活かせる仕事を

2章 年収1000万円を叶える一人ビジネスのコツ

私はLPOコンサルタントです 36
インバウンド型、プル型営業／「自分は何者か」をアピールする
信用の基盤を作る／ジャンル・ターゲットを絞り込んで周知する

ビジネスモデルの基本形を知っておこう！ 42
「お金を稼ぐ」ことの大切さ／ウェブ屋のフロー
ウェブ屋のストック／ウェブ屋として独立するための選択

ウェブの土台の上に柱を増やそう 49
業界独自のメリットを活かそう／顧客単価を上げる方策
協力者を得て業務を広げる／OEM提供を活用する

プチ不労所得の積み重ねが効く 55
OEMや代理店での紹介料／クライアントのことを考えた立場で
アフィリエイトで稼げる？／不労所得が主になったら……

小さな会社は「1勝9分け」を選ぶべし 59
大企業と一人企業の違い／小さな会社の生き残り戦略／1勝9分けの精神

チャリンチャリンが売上げも心も安定させる 63
「仕組みで儲ける」ビジネスモデル／わが社の売上構成の変化／需要・時代に柔軟に対応する姿勢

3章 独立して大きく飛び立つために

あなたもコンサルティングにチャレンジ！ 68
コンサルタントの役割とは／「名乗ればコンサルタントになれる」が……
コンサルタントの仕事の実際／コンサルタントの料金／結果を出せば評価は後からついてくる

ジョイントビジネスの成功法則 75
大きなビジネスに挑戦できる！／わが社のジョイントビジネスの経過報告
成功率を上げるためのポイント

ウェブ屋はウェブで稼いでなんぼ 81
広告費の重みを知る／リスティング広告の有用性／得意の営業方法で勝負！

「地方」の「中小企業」がキーワード？ 85
まだまだウェブ屋のマーケットは広い／地方でチャンスをつかむポイント

「目指せ！　一点突破」そして全面展開！ 90
フロントエンドとバックエンドの選択／効果的に「営業品目」をアピール／一点突破から全面展開へ

ビッグバンビジネスで「億」が見える 94
「成果に応じた報酬を得る」ビジネス／ビッグバンビジネスの注意点

4章 小さなウェブ屋の営業方法とは？

料金表のない商売なんて…… 100
成約率ゼロから100％に／適正価格はいくらか？

やっぱり、「リスト」が命なんです 103
リストがあれば、キャンペーン展開も自由自在／メルマガは最強のメディア／ウェブ屋のメルマガ

「そういえば……」と頭に浮かぶ存在を目指して 108
日々情報を発信し続ける／ソーシャルメディアとのつき合い方

「プル型×先生型」で楽ちん営業 112
どうやって先生というポジションにつくか／セミナーの開催の仕方

著書という名の営業マン 117
自分の実績の棚卸し／営業ツールとしての書籍／どうすれば本を出版できるか／テーマをどう選ぶか

営業の極意は〝鏡〟にあり？ 121
お客様の理解度に合わせた営業／お客様とうまくコミュニケーションを取る

営業代行会社を味方につけるためのポイント 124
営業代行は期待できない？／営業代行を依頼するときのポイント

成約率を劇的に変えるサービス資料の作り方 129
顧客を誘引する魅力的な資料／お客様に合わせてカスタマイズする

お客様の商品を自腹で買いなさい 133
お客様の商品を自分で体験してみる／ネットショップのチェックポイント

サービス継続率をアップさせる「ちょっとした裏技」 136
契約延長・リピート率をアップする工夫／わが社の秘策

ワンフレーズで相手の心を動かす 140
クライアントに本音をぶつける／お客様に決断してもらうひと言

5章 小さな会社ならではの仕事の流儀

クライアントのタイプ別対応術 144
ウェブマーケティングおたく系／丸投げ系／無茶振り系／連絡困難系
超アナログ系／よいしょ系／オカルト系

本当にフリーランスでいいんですか？ 149
小さな会社の悲哀／労働集約型ビジネスの限界
起業家の収入はサラリーマンの半分？／自分がいなくてもいい会社を目指す

新しもの好きでいこう！ 154
常に情報を仕入れ、体験してみる／日本に上陸したものはすべてチェック
話題になるニュースやテレビ番組もチェック

クリエイティブ集中デーを確保せよ 157
タイムスケジュール管理の重要性／私の時間を生み出す技術／作業効率をアップさせる方法

通勤時間に徹底インプット 160
インプットなくしてアウトプットなし／継続的なインプットの時間を作る

やらないことなんか先に決めるな！ 162
「お客様の要望」でのサービス／お客様のお金でスキルが上がる／今の仕事も必ず衰退期がやってくる

「口コミや紹介で仕事を取る」たったひとつの方法 165
一番の近道は仕事で成果を出すこと／チャンスを潰すあなたの態度

クライアントは十人十色 168
便利な連絡手段のいろいろ／データの送受信の方法／クライアントの「こだわり」に対応する

単価アップの時期とコツ 171
規模の拡大に伴って値上げする／料金が上がるにつれてクライアントも大きくなる

外注するメリット・デメリット 173
安くて融通がきくメリット／外注するときの注意点

あえて「エア行列」を演出する 176
スケジュール調整のテクニック／クロージングしない／値引きしない／混雑ぶりを情報発信

6章 私の起業失敗談あれこれ

「貧乏金なし&暇なし」の悪循環 180
小躍りするチャンスがやってきた／思ってもみなかった衝撃的なひと言
呆然の幕切れ／ああ、私の反省点

200万円の夢だけはいただきました 184
思いも寄らない「おいしい話」／準備不足のつけ

料金不払いに何も言えなくて……　187
「そんな話は聞いていない」で泣き寝入り／リスク回避の方策を講じよう

ビジネスで「いい人」ではいられない　190
「話を聞いてみたい」だけ？／防御策を講じても、まだまだ……／もう一歩のクロージングを

名刺をリスト化してメルマガをスタートしてみたら……　194
1500枚のお宝／パワーのあるメルマガとは／キレイ事だけでは起業はうまくいかない

欲望に目が眩んだ見積書　198
旧知の人からの依頼／求めているものが違う？／お客様が本当に望んでいたことは何だったか

7章　これから独立する人へ

ウェブ屋という仕事　204
あなたの仕事はクライアントの売上げに直結している／信頼感で結びついた関係を築く

人生に無駄はひとつもない　206
自分の身に起きたことだけが現実／経験のひとつひとつが武器になる／一国一城の主の魅力

キャッシュさえあれば倒産しない　209
「ストック型のビジネス」と「キャッシュフロー」／毎月、「売上げ」と「支払い」をチェック

生き残るための支払サイト最短化計画　211
「未払い」を防ぐ方法／こちらのルールを伝えよう

金がないなら笑えばいいさ 214
笑えないと営業もうまくいかない／人脈は相手を認めてできるもの
本当に困ることなんてそんなにはない

生き残ることが最大の武器 217
積み重ねでしか得られない数字／チャンスは必ずやってくる

私とあなたの未来予想図 220
私の会社の将来像／最強の組織作りと新たな展開／あなた自身の未来予想図を描くために

装　丁　新田 由起子
DTP　春日井 恵実

1章

いつまでウェブ・デザイナーでいるの？

ウェブ・デザイナーとして独立して、
さらに1000万円稼ぐには、
まず「現実」を知らなければなりません。
そして独立を実現するには、
それなりの心がまえとスキルが必要です。

デザイン＋αが重宝される時代です

●「いつまでウェブ・デザイナーでいるの?」

　これからウェブ・デザイナーとして大活躍することを夢見ている人や、独立・起業の道を考えている人にとって、ドキッとする投げかけだと思います。

　ウェブ・デザイナーとして年収１０００万円稼ぎたいから、稼ぐ方法を知りたいからこの本を手に取ったのに、いきなりのカウンターパンチ。

「一生、ウェブ・デザイナーとして食べていくに決まっているでしょう!」

という声が聞こえてきそうです。

　もちろん、50歳になっても60歳になっても、現場の第一線で働き続けられるのであれば、それは幸せなことだと思いますが、現実的にはどうでしょう?

　60歳を超えた自分が、最新版の Photoshop や Illustrator をバリバリ操っている姿をイメージできますか?　ひょっとしたら、30代か40代のうちにひと山当てて、優雅な余生を過ごそうなんて企んでいる人もいるかもしれませんね。

　ウェブ屋さん（ウェブサイト制作やウェブマーケティングを主な業務とする会社の私流の

呼び方）の求人を見ると、ウェブ・デザイナーの給料は、月給10万円台後半から25万円スタートがせいぜい。30万円を超える太っ腹な金額を見ることは、あまりありません。

この景気では民間企業のボーナスはたかが知れていますから、年収にすると３００万円台がひとつの目安となるでしょう。恥ずかしながら私自身、普通にウェブ・デザイナーをやっていた頃の年収は、３６０万円しかありませんでした。

●「安月給の長時間労働」が現実

とあるウェブ屋さんは、営業所は東京にあるのに、メインの制作部隊は九州の宮崎県にあるそうです。理由は書くまでもありませんが、人件費が安いからです。都内の２／３以下ですむそうです。同じ理由で、お隣の国、中国でプログラムのコーディング部隊を作り、日本国内ではあり得ない低価格で仕事を請け負う会社も出てきました。最近では、この流れはアジア全体に広がっているようです。

またＷＩＸのように、素人でも無料で簡単にホームページを作成できるサービスは今後も増え続け、競争の中でクオリティも高くなると予想できます。

こんな視点からも、ウェブ・デザイナーで人並以上に稼ぐこと、そして稼ぎ続けることのむずかしさがおわかりいただけると思います。

もちろん、景気よく高い給料を払っている会社もあるでしょうし、実力や年齢（＋人脈）という個々の状況によっても収入は変わってくるでしょうが、総じて「安月給の長時間労働」が、この職業の悲しい現実です。言葉は悪いですが、いわゆる「ＩＴドカタ」を地で行っています。

そんな現実を知ってか知らずか、ウェブ・デザイナーになりたいという若者の多いこと多いこと。今どきの若い人は、小さい頃からパソコンに慣れ親しんでいますし、それ系の専門学校も増えています。

また、デザイナーという響きのいい職業への憧れや羨望もあるのでしょう。ひょっとしたら、楽に就職できて、楽に稼げそうなどという、ショートケーキ並の甘い幻想を抱いているのかもしれませんが、現実は厳しいと言わざるを得ません。

正直、会社勤めのウェブ・デザイナーで、年収１０００万円以上もらっている人なんて聞いたことがありません。

●年収1000万円への道

国税庁の調査によると、年収１０００万円以上稼いでいる人は、給与所得者全体のうち、たった４・９％しかいません。20人のうち19人は、それ未満というのが実態です。

年収1000万円オーバーの人が皆、何かしらの業界の実力者というわけではありませんが、「そこそこ」しゃれたデザインができるとか、「そこそこ」かっこいいロゴが作れるというだけで、言わば選ばれた人間しかたどり着けない、上位5％のゾーンに足を踏み込めるわけがないのです。

年収1000万円は、偏差値で言うと、70オーバーというエリート組への挑戦とも言えます。そこそこのウェブ・デザイナーなんて星の数ほどいるのですから。では、そこそこのウェブ・デザイナーが、「そこそこ」から抜け出し、トップ5％の収入を得るにはいったいどうしたらいいのでしょう？

正統派と言うと語弊がありますが、まずは**超一流のウェブ・デザイナーとして業界内外で認められる人物を目指す**という道がひとつです。正確には、ウェブ・デザイナーと言うより、ウェブもできるクリエイティブディレクター、クリエイターを目指すと言ったほうが正しいかもしれません。

インタラクティブなウェブインターフェース制作の第一人者で、多摩美術大学の教授でもある中村勇吾氏、ユニクロのオンライン広告「UNIQLOCK」で有名な田中耕一郎氏といった人が代表格でしょうか。年収は知りませんが、彼らを目標にするウェブ・デザイナーは数多くいます。

ウェブから枠を広げれば、佐藤可士和氏のように、1プロジェクトで何千万円という金額をもらう人も存在します。

もうひとつの道は、**マーケティングやセールスの知恵、ノウハウを武器にしたウェブ・デザイナーになる**という選択肢です。私はこちらを選びました。そして、この選択が正解だったと心底思っています。

●「売れるウェブサイト」が求められている

ウェブサイト制作のクライアントはほとんどが法人ですが、中小企業庁のデータによると、99％の企業はいわゆる中小です。中小企業の定義は業種によって異なりますが、おおむね従業員数100名以下、資本金1億円以下の企業が当てはまります。

そして、これが重要なポイントですが、「売れるウェブサイトを作りたい」という需要が、ここに来てますます増えているのです。かっこいいウェブサイトではなく、「売れるウェブサイト」。ここが肝心です。

普通の会社が当たり前のように自社サイトを持つようになって10年が経過し、

・もう、自社サイトを持っていない企業なんてない

・ウェブ屋が増えすぎて仕事が取れない

・価格競争が激しくなって儲からない

という理由から、ウェブ業界全体が右肩下がりの衰退曲線を突き進んでいるというのが定説となっていますが、私の実感はこうです。

・今の売れないサイトを作り直したいと考える企業が増えている

・法人の新規設立件数は安定しており、今どきの起業家はウェブに関する知識がそれなりにあるので、最初から「売れるウェブサイト」を求めている

・地方の企業がようやくウェブマーケティングを意識し出したが、失敗を恐れて手をこまねいている

つまり、あなたがマーケティングやセールスの技術という付加価値を身につけることで、不毛な価格競争や、受注までに時間と労力のかかるコンペ（しかも受注できるかどうかわからない）を横目に、いくらでも仕事を獲得することができる時代なのです。

さぁ！　あなたも今日から独立を視野に、ウェブマーケティング・デザイナーへの道を進んでみませんか。

これから、その道筋をじっくりお伝えします。

「描いて」「書いて」買い手を釘づけにしよう

●身につけたいスキル

では、ウェブ・デザイナーとして稼ぐために身につけておきたいスキルをご紹介しましょう。半年、1年という短期間で習得できるわけではないし、全部が全部必須というわけではありませんが、「自分ならどうする」という視点で読み進めてください。

まずは当然ながら、**HTML（XHTML）とCSSコーディングのスキル**です。昔は、ウェブ・デザイナーはコーディングができて当たり前で、野球のバッティングと守備のようにデザインとセットでこなせて当然でしたが、もう何年も前からウェブサイト制作も分業制が取り入れられるようになってきました。そのため、デザインしかできない人が意外に多いようです。

ちなみに、本格的なHTML5は、プログラマーの領域に踏み込むことになるので、そこまでは求めません（もちろん、できるに越したことはない）。**小規模のウェブサイトであれば、自分一人でゼロから構築できるレベル**が目標です。

CMSの代表格である、WordPressやMovable Typeもひと通り理解しておくと、なお

CMS（Contents Management System）：ウェブサイトのテキストや画像などのコンテンツを管理・編集するソフト。

よしです。CMSを導入することで、簡単な更新であればクライアント側でこなせるようになり、お互いの負担を減らすことができます。

ここ数年で目立つのは、紙媒体で活躍していたイメージ広告系のデザイナーが、ウェブ領域に進出してくるケースです。不景気を理由に企業が広告費を出し渋るようになり、「仕事は減るし単価は下がって食えなくなってきた」というのが、その理由のひとつです。

実際、私の会社で協力してもらっているデザイナーの一人は、アパレル系の雑誌やカタログを中心に活躍している人です。今後、このような人はますます増えるでしょうから、やはり**デザイン以外の部分で強みを磨く**必要がありそうです。

●オールラウンドのスキルがなぜ大事か

勘違いしてほしくないのは、「独立後も、ずっとコーディングをやり続けなさい」と言ってるわけではないということです。私もそうでしたが、**独立当初は、すべて一人で切り盛りしなくてはならない**状況を想定しておく必要があるのです。

外注すると、その分利益が減るし、業務委託するにしても、コーディングを含めた制作スキルがあると大いに役立ちます。知識がないと、無駄にコストがかかってしまうかもしれません。

知識がなければ、

「この作業は、もっと安くできますよね？」

「このボリュームであれば、３週間でプレリリースまでいけますよね」

と、委託業者の見積りやスケジュールに意見することさえできないのです。

また、オールラウンダーになっておくと、コーディングを意識したデザインができるようになります。

「この画像は背景で、この部分は回り込みでテキストを配置してください」

こういった指示ができるウェブ・デザイナーは現場でも重宝されるし、クライアントの要望を聞きながら、デザイン上の再現の可否や再現性をイメージして返答ができるようになると、ワンランク上の人材になれます。

●訪問者に伝わる文章力が決め手

次が、**文章を書く技術**。いわゆるコピーライティングです。「売れるコピーライティング」と枕詞をつけてもいいでしょう。これを身につければ、絶大な武器になります。

企業がウェブサイトに求めることを思い出してください。

「今だけ最大50％ＯＦＦ！　読モ27人に選ばれた美脚を叶えるパンプスをご存知ですか？」

こんな感じの訴求力あるヘッドコピー。各ページの大見出し、小見出し（Hタグ）、その他文章コンテンツ……売れるウェブサイトの必須条件の中でも、コピーライティングはもっとも上位に位置します。

高品質な写真も大切です。キレイなイメージ画像も大事で、わかりやすい導線も捨てがたいのですが、**一番のポイントはコピーライティング**なのです。

私の会社が**リスティング広告**を運用している、月商1億円を超える通販サイトも、デザイナー視点で見ると、正直に言ってヒドいありさまです。でも、売れています。驚くほど売れまくっている。

どんなに商品力が優れていても、訪問者にそれが伝わらなくては意味がありません。やはり、素人では書けないコピーライティングの技量が重要になってくるのです。

クライアントに提出してもらった文章を、そのままコピペするだけでは能なしの二流デザイナー止まりです。「てにをは」のチェックは当然、訴求力のある見出しをつけたり、適宜リスト化したり……ウェブにおけるコピーライティングは、ド派手なヘッドコピーをつけるだけではありません。

長い文章を読みやすく改行し、段落分けするだけでも訪問者の平均滞在時間は伸びます。自主的な細かな改善にクライアントが気づいて喜ばれることもあります。

リスティング広告：検索エンジンで検索したキーワードに関連していることで、連動して表示される広告。

●プロとしての付加価値

ウェブサイト制作のスケジュールが遅れる理由で一番多いのが、クライアント側の文章コンテンツ提出の遅れです。参考となる文章やウェブサイトを教えてあげても、書くという行為はクライアントにとって苦痛でしょうし、そもそも書くのが苦手な人も珍しくありません。

そこで進行管理で問題となるこのポイントを、オプションサービスとして提供することで、お金をいただくこともできます。

この本はコピーライティングを教える本ではないので、くわしいノウハウは説明しませんが、書店に足を運べば関連書籍は山のようにあります。ぜひ、勉強してみてください。ちなみに、私の2冊目の著書『お客をつかむウェブ心理学』では、売れるコピーライティングの普遍的なノウハウを凝縮しています。

自分には無理そう……そんなふうに思わないでください。コーディングやライティングは**数をこなせば確実にスキルアップ**していきます。やる気を出せば、比較的短期間でプロとしてお金をもらえるレベルになります。

私もウェブ・デザイナー出身だから言い切れますが、デザイン力ほどスキルアップがむずかしいものはありません。芸術的なセンスは、あなたが生まれてから今まで何十年もかけて築きあげてきた結晶であり、あなたの歴史を反映した感性そのものなのです。

「ここに微妙なグラデーションをかけると見栄えがよくなる」「ここに1ピクセルのラインを入れると写真が際立つ」。そんなテクニックはごまんとあります。しかし、まったくの白紙からデザインを築きあげるセンスは一朝一夕では身につきません。

デザイン力については、一デザイナーとして胸を張り、それを誇ってください。その武器をさらに強化するためのスキルがコーディングとライティングなのです。

・描いて（デザイン）
・書いて（コーディング、ライティング）
・買い手（ウェブサイトの訪問者）

を釘づけにしましょう。

コーディングとライティングは、デザインとは違った楽しさが味わえるし、クライアントから見て強力な付加価値になることを保証します。

自分流をトコトン磨け

●デザインだけではない自分の型作り

独立後も、お客様から選ばれ続けるウェブマーケティング・デザイナーになるためには、**あなたならではの「型」作りを意識**してください。ここで言う型とは、「再現性のあるルール」のことです。

ウェブサイト制作のクライアントは主に企業ですから、ブランドイメージを考慮し、ブランド要素となるロゴマークやコーポレートカラー等を組み込まなければなりませんが、その随所にあなたの個性を注入するのです。

色選びやレイアウトといったデザインの大枠だけでなく、文字のジャンプ率やテキストの装飾等、細かな工夫でもあなた流の持ち味は出せます。

クライアントの要望に聞く耳を持たない頑固職人になるのはNGですが、自由度の高い案件はチャンス到来です。自主的にデザイン提案を増やしてでも、自分流の作品を仕上げてみてください。サラリーマン時代というのは、安定してお金をもらいながら武者修行できる、とても恵まれた環境なのですから。

SEO（Search Engine Optimization）：検索エンジン最適化。検索エンジンでの検索結果で、自分のウェブサイトがより上位に表示されるようにする工夫。

型作りはデザインだけではありません。完成後に発動するマーケティングというフェーズを意識することも重要だし、リスティング広告や**SEO**対策を自らの意志で提案・実践できる環境を作ることができればベストです。

SEO内部対策のために**見出しタグの種類や数を調整したり、リスティング広告の主力となるキーワードを意識して文章をリライト**したり、自らの工夫を重ねることが大切です。ウェブサイト全体のボリュームが少ないようなら、定期的にページ数を増やすためのオリジナルコンテンツを提案してもいいでしょう。狙いはもちろん、**オーガニック検索**対策です。

●自分流の型を持つことのメリット

私の会社の場合、特段の理由や要望がない限り、ほぼ同じ型を使ってウェブサイトを構築しています。

・トップページは1ページ完結型**ランディングページ**の要素を組み込んだ2カラム構成
・全ページ下部にクロージング用のコンタクト情報をまとめたリンク画像を配置
・サイトマップの代わりにフッターのリンクメニューを充実

これはほんの一部ですが、このような型を持つことは決して手抜きではなく、クライアント側にも制作側にもメリットがあります。

オーガニック検索：検索エンジンでの検索結果のうち、広告を含まない通常の内容部分。
ランディングページ：検索エンジンやインターネット広告のリンク先になるページ。

ひとつは**制作期間を短くできること**。ＸＨＴＭＬとＣＳＳコーディングのベースとなる雛形があるので、一から構築する手間が省けます。これだけで、作業量にして1〜3日分は短縮できます。もちろん、新たなＣＳＳテクニックや汎用性の高いjQuery（JavaScriptライブラリのひとつ）があれば、随時テンプレートに反映させていきます。

もうひとつは、**営業が楽**だということです。

「わが社の基本形はこのような型ですが、いかがでしょう？　数多くのウェブサイトを手がけてきた中でブラッシュアップしてきた自信作です」

初期の打ち合わせや提案段階で新たにデザインを描き起こす労力が省けるし、先方も仕上がりをイメージしやすいようです。

最近はうれしいことに、わが社「ココマッチー流」のデザインが好きという理由で突然コンタクトがあり、依頼していただくケースも増えてきています。型を使わない場合は割増料金にしてもいいでしょう。

私は、今では制作業務のほとんどを他のスタッフに任せていますが、このような自分流、自社流の型を活用しているため、仕上がりが予想から大きく外れることがなく安心しています。逆に、ポイントさえ外さなければ、デザイナーの個性をどんどん前面に出してほしいとさえ思っています。私とは違うセンス、それぞれの道を歩んできたデザイナーの感性を大事にしたいからです。

●「売れるウェブサイト」に繋がるかどうか

自分流を築くために、ときに独りよがりになってもいいと思います。デザインにもマーケティングにも正解はありません。CVR（コンバージョン率）が5％ある通販サイトと言っても、デザインを変えればさらに上がる可能性があります。

これは私自身も反省すべき点があるし、ここまで書いておいて逆のことを言うようですが、型にこだわってばかりでもいけません。ウェブサイトはリリースがスタートです。**思い通りの成果が出ないのであれば、あえて型を壊して再スタートを切る**ことだってあります。

また、ウェブデザインにも流行がありますから、自分が使うかどうかは別として、少なくとも「今風」は知っておくべきです。

画面スクロールと連動した仕掛けや部分的に縦書きを取り入れたデザイン等は、レスポンス重視の思考では「あり得ない」で終わりですが、案件によっては、うまく融合させることで、今までとは違う作品に仕立て上げることもできます。

流行りのデザインの多くは、イメージ先行のブランディング系サイトで見られるものなので、それらが「売れるウェブサイト」に繋がるかどうかを判断して吸収したり、繋がらなくても部分的に取り入れることで、新鮮さを表現できることもあります。こういった取捨選択にも個性が出るものです。

ある意味、お客様に実験台になっていただき、さらなる高みを目指すことができるのが、この仕事の醍醐味のひとつでもあります。

ちなみに、一部、脚注を入れましたが、ここまでで登場した基本的なウェブマーケティング用語で、知らない言葉があるようではNGです。独立するまでに、もっと知識を貯め込んでおきましょう。

「ウェブ屋」と言うだけで、お客様にとってみればウェブに関してのプロです。デザインができる、制作ができるというだけでなく、あなたはウェブマーケティングに精通しており、(なぜか)パソコンにもくわしいというクライアントの期待に応えなければならないのです。

いざ独立！　ドタバタ起業の光と影

●私の独立物語

「いつか独立したい」と思っていても、そう簡単に踏み出せるものではありません。一番心の障壁になるのはお金です。

ウェブ・デザイナーの場合、小売業や飲食業などと違って仕入資金や店舗改装費はほとんどかからないので、いわゆる独立資金はあまり必要ないのですが、誰もが独立後に安定した収入がなくなることに不安を感じると思います。

私もそうでしたが、結婚して子供までいると、さらにその障壁は高くなります。

他にも、「どうやって営業すればいいんだろう？」「資本金はいくら必要だろう？」「オフィスはどうしよう？」「人脈がないけど大丈夫かな？」と悩みは尽きません。そうした気持ちはよくわかります。

では、私がどうやって独立までこぎつけたかをここでご紹介したいと思います。正直、胸を張って語れるほど褒められた内容ではないし、今考えると相当リスキーなバカ野郎だったのですが、少しでもみなさんのヒントになればと思います。

私がまずやったのは、「日付を決める」ことでした。和民の創業者である渡邉美樹氏の著書『夢に日付を！』ではありませんが、仕事に締め切りがあるように、サラリーマン最後の日兼独立記念日を決めてしまったのです。

「半年後の3月末で会社を辞めて独立する」

半年後という期限に何の根拠もなかったのですが、タイムリミットを自ら決めることで、精神的に自分自身を追い込みました。すると、その日までに**少なくともこれだけはやっておこう**という、具体的なアクションが見えてきたのです。

●独立のスタイルを決定する

ウェブ・デザイナーが独立するとなると、いわゆるフリーランスとして自宅を仕事場にするケースが多いと思います。事業形態で言うと、個人事業主ですね。ただ、私は最初から**株式会社にする**と決めてしまいました。

理由は単純です。どちらがより信用されるかということ。それだけです。

しかし株式会社を設立するには、設立費用として少なくとも20～30万円かかるし、たとえば自宅のマンションが登記できないとなると、オフィスを構える必要もあります。また、ある程度の売上げになるまでは税金の面で損をすることも知っていました。

ただ、私はサラリーマン時代から、いろいろなタイプの起業家と会う機会に恵まれて、**商売においては信用が一番大事**だと肌身で感じていましたし、それくらいのリスクも取れないようでは起業するなんておこがましいと思っていたのです。

●オフィスのこと

オフィスに関して言えば、私は自宅からドアツードアで1時間ほどの渋谷のレンタルオフィスを選びました。ひと坪もない小さな小さなブース席があるだけのオフィスです。でも、入居したときは、「自分の城ができた！」と、とてもうれしかったことを覚えています。

そこは月5万円ほどの家賃で、電話秘書もいればネットも電気も冷蔵庫も使い放題ですから、かなりお得感がありました（坪当たり5万円と考えるとバカ高いのですが）。

ちなみに、なぜ渋谷を選んだのかと言うと、交通の便がいいというのは表向きの理由で、単に「ＩＴ企業っぽいから」「カッコイイから」というのが本音でした。

地域によっては、格安で借りることができるインキュベーションオフィス（主に地方自治体や公的機関が運営している施設）もお勧めです。入居の審査がやや厳しいのですが、起業支援を実施しているところもあるので調べてみてください。

● 既存のお客様のこと

仕事の始まりについて言えば、これは、私が1期目の売上げを確保するのに苦労した最大の原因なのですが、既存のお客様を一人残らず独立前の会社に置いてきてしまったのです。人によっては、そんなことは当然だと思われるかもしれませんし、それこそ自分でゼロから顧客獲得するくらいの気概が必要だと言われるかもしれません。

ただ、もしあなたの会社の社長が独立に協力的で（めったに聞きませんが）、お客様を引き連れていくことに問題がないとしたら、もらえるものはもらっておいてください。これは心からのアドバイスです。

1ヶ月目から生活に困らない程度の安定した収入がある……これはあり得ないくらい幸せなスタートです。私のように変な見栄を張ると、後々苦労します。

● 経験を活かせる仕事を

独立するときに、今までやってきた仕事とまったく違うことを始める人がいます。そうした人は、もちろん事業として儲かるとか社会性があるとか、たしかな予測と大義名分があるのでしょうが、私としては、これまでウェブをやってきたのならば、やはりウェブを柱として独立してほしいと思います。

私が独立したのは34歳のときですが、それより年上だろうが年下だろうが、**今までやってきたことを活かすのがもっともリスクが低い**でしょう。一から始めるということは、新人アルバイトと何ら変わらない状態で大海原に冒険に出るようなものです。

一番悪い例は資格や検定に逃げることです。

「もう、ウェブサイトをシコシコ作る生活なんて嫌だ。人気があって一所懸命勉強すれば何とか取れそうな行政書士資格を取って、その道で独立しよう」

そんな人は、もうお先真っ暗ですね。誤解のないように言っておきますと、行政書士になることが悪いわけではありません。独立してあり得ないほど稼いでいる行政書士の先生を数名知っているし、独占業務もある素晴らしい仕事です。

問題なのは、過去の延長線上とかけ離れた場所で戦うリスクを知らな過ぎるということなのです。

逃げではなく、攻めの独立か？　もう一度、自分の心をたしかめてください。

2章

年収1000万円を叶える一人ビジネスのコツ

独立してどのようにスタートを切ればいいのか？
プル型営業を目指すにはどうしたらいいか？
企業経営に大事なフローとストックの考え方とは？……
一人企業で安定して売上げを伸ばし、
ビジネスの基盤を固めるには
どうしたらいいかを考えてみましょう。

私はＬＰＯコンサルタントです

●インバウンド型、プル型営業

独立して最初に困るのが、何と言っても営業です。ウェブ・デザイナーの本業はデザインと制作ですから、外回り営業ばかりに時間を取られていては肝心なところが疎かになってしまいます。かと言って、営業をしなくては本業での力を発揮することができないし、食べていくことはできません。ここに、労働集約型ビジネスのジレンマが発生するのです。

独立当初は知り合いからの紹介で案件を獲得できたり、プロジェクトの一員として仕事を得ることができたとしても、**１日でも早く不安定な収入から脱却する**ことを意識しないと、気がつけば仕事なし、収入なしという日が来てしまうでしょう。

これはウェブ・デザイナーに限った話ではありませんが、職人系の仕事で目指すべきは**インバウンド型、プル型の営業**です。簡単に言うと、とくに営業活動をしなくても、先方から、「川島さんに、ココマッチーにお願いしたいのです」という状況に持っていくのです。

こうなると、自分の好きな仕事やスキルアップに集中でき、それがまた口コミや紹介に繋がるという好循環が生まれるのです。価格競争に巻き込まれないのも大きなメリットです。

●「自分は何者か」をアピールする

では、そんなうれしい状況に持っていくにはどうしたらいいか？

ひとつの答えは、やはり**「自分は何者かという肩書きを作る」**ことです。それも、**競合が少ない場所に旗を立てる**ことが、より近道だと言えます。

「やはり」と書いたのは、これはビジネス書の世界では、もはやお決まり、お約束のノウハウだからです。しかし、成功したビジネスの諸先輩方が何度も何度も同じことを伝えようとしているだけあって、私もこれは重要なポイントだと思います。

私の場合、独立当初から「**LPOコンサルタント**」という肩書きで活動を始め、今も名刺にそのまま残っています。

独立前は、何を武器に起業という未知の世界に飛び込んでいこうか悩んでいました。SEO対策は完全に過当競争だし、Googleの意向でルールがころころ変わるリスクもあります。ましてや、ウェブサイトの制作会社なんて山ほどあります。

独立前にやっていた、士業やコンサルタント向けの制作サービスを続けるという手もあったのですが、それも前職場に対して気が引けるし、わざわざ独立したのに同じ切り口ではつまらない、そんなふうに考えていたのです。

そんなとき、ひとつの出会いがありました。私より先に独立した友人が開催した交流会に、

LPO（Landing Page Optimization）：ウェブサイトの訪問者が会員登録や商品購入をするなどのコンバージョン率を高めるために、最初に表示されるウェブページを工夫すること。

業界ナンバーワンのLPOツールを提供している社長さんがいたのです。

恥ずかしながら当時の私は、LPOツールの存在は知っていましたが、機能や仕組みについてはまったくと言っていいほど無知でした。そんな私にその方は、目を輝かせながら語ってくれたのです。LPOツールの面白さと将来性について1時間以上も。

LPOツールの機能や将来性はもちろん、その社長の人柄に感銘を受けた私は、翌日すぐに連絡を取り、二人で飲みに行く約束を取りつけました。数ヶ月後には起業しようというのに、何の計画性もない若造からの誘いを快く引き受けていただけたことは、今でも本当に感謝しています。

そこでさらにいろいろな話を伺い、私は無謀ながらもこんなお願いをしました。

「そんなに素晴らしいツールは、大企業より、少ないアクセスで何とか売上げを上げようとしている中小企業にこそ必要です。ただ、今の価格ではとても導入できません。何とか、廉価版サービスを私の会社で売らせていただけないでしょうか？」

何ともおこがましいお願いですが、その社長は真剣に検討してくれると約束してくれました。それから何度もやり取りをさせていただき、提供価格や条件を詰めていったのですが、最終的に話はまとまりませんでした。小さな会社ではないので、株主や社内の反発があったようだし、過去に同様のケースでうまくいかなかったというのが理由です。

話が消えたとき、すでに独立まで3ヶ月を切っていました。そこで、残念だけれどＬＰＯツールはあきらめて、とりあえず普通のウェブ制作会社として始めようと思っていました。

●信用の基盤を作る

そんなとき、またひとつの出会いがあったのです。やはり交流会の場です。

優秀な実績を持つシステム会社の方と意気投合した私は、すぐにＬＰＯツールの開発について相談をしました。今度は他社製品を扱うのではなく、自社開発に望みを託したのです。結局、製品のリリースは独立して3ヶ月後になりましたが、ＬＰＯコンサルタントという肩書きのバックボーンとして、**自社ツールという武器**を手に入れたのです。

当時から、巷には「何とかコンサルタント」を名乗る人はたくさんいましたが、何の意味やらわからない肩書きにあやしさを感じていた私は、それではいけないと、独立に合わせてツール開発を進めたことは正解だったと今でも思っています。

もちろん、当時の私も「なんちゃってコンサルタント」であったことは否定しません。ただ、本気でＬＰＯコンサルタントという道を選んだからには、それに見合うモノが対外的にも必要だったのです。単なるウェブ制作会社か、自社ブランドのマーケティングツールを持っている会社か、その差が**取引相手の信用を得るには大きな要素になる**、ということだけは肌感覚で知っていたのです。どんな肩書きで勝負するかは、じっくり決めてください。名乗るのは簡単ですが、それを貫き通すのは本当に大変です。

●ジャンル・ターゲットを絞り込んで周知する

肩書きの決め方としては、「何を切り口に、どんな業務をしていくのか？」がヒントになります。たとえば、

・切り口

ジャンル：ＳＥＯ対策、ＬＰＯ対策、リスティング広告、スマホアプリ、WordPress等

ターゲット：通販サイト、モール、中小企業、飲食店、ホテル・旅館、士業等

・業務スタイル

制作、デザイナー、コンサルタント、マーケッター、プロデューサー、ディレクター、プランナー等

これらを単純に組み合わせて、「モール系通販コンサルタント」「ＳＥＯ対策に強いウェブ・デザイナー」といった感じでしょうか。もうちょっとスパイスをきかせるなら、「月商30万円以下のモール系通販コンサルタント」「士業専門　ＳＥＯ対策に強いウェブ・デザイナー」と、枕詞をつけてもよさそうです。これはあくまで切り口なので、それ以外のことをしない

というわけではありませんが、このような絞り込みを十分にしている人ほど、スタートアップはとくに順調に業績を伸ばしているようです。

肩書きを作ったら、そこからが勝負です。まずは周知しましょう。ウェブサイトやブログといったウェブメディアはもちろん、名刺や各種資料にも掲載します。

ブログやメルマガをやっていれば、**執筆テーマを肩書きに合わせて変更**します。「モール系通販コンサルタント」なら、内容を楽天やヤフーショッピング等、モール関連のテーマにシフトして一貫性を持たせることが大事です。

また、モールに出店している通販企業と言っても、商品カテゴリや年商は様々なので、**クライアントになる読者をイメージして内容を書き分ける**ようにしましょう。月商100万円を目指すショップと、1億円を超えるショップでは、当然ほしい情報が変わってきます。

現段階では、月商数百万円レベルのショップをコアターゲットにしていたとしても、将来的には、より上のレベルを目指したいと考えている人は、『この通販サイト凄い』のように、月商にかかわらず役立つテーマも用意してみてください。

肩書きをコロコロ変えるのはお勧めしませんが、肩書きを増やすことは問題ありません。2個、3個と、あなたの枠の広がりに併せて追加してみてください。

肩書きは、言わばお客様との約束です。案件をこなしていく中で磨きあげていくものです。

ビジネスモデルの基本形を知っておこう！

●「お金を稼ぐ」ことの大切さ

独立するからには、やはりお金を稼がなければいけません。金銭的に余裕がなければ、じっくりデザインに取り組むことも、制作に没頭することもできないからです。

ウェブサイトの運用やコンサルティングを任されたのに、こちらのキャッシュフローが火の車で倒産してしまっては、お客様に迷惑をかけてしまいます。「ウェブサイトで売上アップ！」なんて言っておいて、自らが倒産では洒落になりません。

ただ残念ながら、ウェブ・デザイナーやコンサルタントとして働いているだけでは、稼ぐ力を身につけることはむずかしいでしょう。**いい作品を作ることと稼ぐことは、イコールではない**からです。

また、クライアントを稼がせる力と自分が稼ぐ力も別物です。経営コンサルタントであれば違うのかもしれませんが、ウェブ系のコンサルタントとしてクライアントと接していれば、通常はウェブマーケティングの範囲でしかサポートすることはありません。

たとえば、通販サイトのクライアントがいて、ウェブサイトの改善アドバイスやリスティング広告の運用をしていたとしても、多くの場合、その会社の販促活動の一部しか見ることができないからです（もちろん、あなたのスタンスによって販促全般をお手伝いすることも可能です）。

そこで、独立するしない以前に必ず覚えてもらいたい用語があります。それは**「フロー」と「ストック」という二つの収益モデル**です。

前者はウェブサイトの制作費用のように、**単発でお金をいただくもの**。後者はウェブサイトの管理費や運用費のように、**毎月（または定期的に）お金をいただくもの**です。

●ウェブ屋のフロー

ウェブ屋にはいくつものフロー型の収益があります。代表的なものが、先に挙げた**ウェブサイトの制作費**。これはウェブ屋の中でも柱となる、大きな金額になります。規模にもよりますが、少なくとも十万円単位、プロジェクトによっては数百万円から1000万円以上の金額になるでしょう。

コンサルタントであれば、**単発のコンサルティング業務**がこれに入ります。ストック型のコンサルタント契約をいきなり狙うのではなく、まずは、あなたという商品を味見してもらうために「単発サービス」を用意しておくと、お互いの相性がたしかめられます。ちなみに私は、より敷居を低く感じてもらうために、「お試しコンサルティング」という名称の単発サービスを提供しています。

意外に重要なのが、**リスティング広告運用やコンサルティング業務の初期費用**です。これらの業務は、「月末締め・翌月末払い」という支払サイトにすることが多いのですが、初期費用だけは契約月にもらうようにすれば、キャッシュフローが改善されるし、何かしらのキャンペーンや価格交渉の段階で、初期費用を値引きして「お得感を出す」ことも可能だからです。

ウェブサイト制作の話に戻りますが、数十万円の案件を数多くこなすか、数百万円の案件を取っていくか、という選択で注意しなければならないことがあります。

たとえば、数十ページで50万円程度の仕事を取っていると、「もっと大きな案件で一気に売上げを上げたい！」と思うことがあります。５００万円の案件なら、10件分の料金をもらえるわけですから当然の願望です。

しかし、大きな案件はそれなりの工数がかかるのが一般的です。1年という期間、その案件につきっきりになってしまうと、1ヶ月に換算すると40万円ちょっとという計算になります。それであれば、50万円の案件を月に2～3件こなしたほうが儲かる計算になります。

重要なのは、**案件を期間や工数（時間）で考える視点**です。とくに一人企業の場合、「自分が無理をすればいいい」という考えに陥って、とても割に合わない仕事でもホイホイ受注してしまいがちだからです。料金と工数のバランスを取るのも重要な仕事なのです。

ただし、誰もが知っているような有名企業の案件は、実績として信用に繋がることもたしかです。ときには採算度外視で受注する必要だってあるでしょう。そのへんの裁量が自由になるのも独立した醍醐味ですから、ひとつの考え方に縛られる必要はありません。

●ウェブ屋のストック

安定した独立ライフを目指すには、**ストックをいかに伸ばすか**が鍵になります。これは経営者であれば誰もが口にすることですが、毎月一定の売上げが入る、数ヶ月先まで売上げが読めるということは、経営的にも精神衛生上もいいことだらけです。

一人企業であれば、まずは、**「毎月１００万円」という売上ライン突破**を目指してみましょう。もちろんこれだけでは、この本のタイトルにある年収１０００万円はむずかしいのですが、フローとの組み合わせで到達することができますし、一般的なサラリーマン以上の収入を得ることができるからです。

そこで、まず**ストックには2種類ある**ことを忘れてはいけません。

月10万円でコンサルティングをしている会社が10社あるとします。もう一方で、月1万円のツール利用者が１００社あるとします。共に月１００万円になりますが、内容はまったく異なります。前者は完全に労働集約型で、後者は多少のユーザーサポートがあったとしても、実労働時間は天と地ほどの差があります。

私の経験上、同時に20～30社ほどであれば、一人でコンサルタント契約をこなせると思いますが、週末も寝る間を惜しんで馬車馬のように働くことになります。もちろん、それが悪いというわけではないのですが（むしろ私は大好きです）、「手離れのいいストックで月100万円の売上げ」があるとゆとりが生まれ、こちらからクライアントを選んだり、料金アップといった攻めにも転じやすくなります。

どちらか一方を選択するということでもないので、2種類のストックを意識しながら、毎月の定期収入を増やしていくことをお勧めします。

ストックの典型は**ウェブサイトの保守・管理費**です。派生系はいろいろありますが、やり方は大きく二つあります。

ひとつは、ドメインやサーバー代に利益分を上乗せして毎月最低限の料金をもらい、ページの追加や修正の度に見積りを出すパターン。もうひとつは、数ページの制作や更新作業も込みで毎月一定額を受け取るパターンです。

私の会社の場合、「ストックの料金を少しでも大きくしたい」「都度見積りをする手間が省ける」「都度見積りだと料金を気にしてウェブサイトが放置され、成果が出にくい」という点から後者を選択しています。

ただ、多くのウェブ屋（とくにシステム系）は、前者を選択しています。ページ追加やテキスト修正という作業ひとつひとつに明確な料金設定ができ、クライアントに体力がある会社が多い場合は、こちらのほうが結果的に儲かる仕組みと言えます。

●ウェブ屋として独立するための選択

ウェブ屋として独立するなら、**ツール系のストックをひとつは持っておきたい**ものです。

私自身も、独立に併せてＬＰＯツールをスタートしました。

当時、ＬＰＯツールの料金は、月額４万円台が最安でしたが、私は５０００円（税別）からという、業界でもダントツで最安値の価格設定で勝負したのです。当時は私も一人企業でしたし、１期目の目標がストックで１００万円でしたから、これで十分だったのです。

ツールも、別に自社開発にこだわる必要もありません。マーケティング関連ツールを提供する会社の多くは代理店制度を用意しています。

「紹介1件あたり数万円（フロー）」「売上げの20％が毎月もらえる（ストック）」といったインセンティブも、積もり積もるとバカにできない売上げになります。何より、自社開発のような初期投資がかからず、バージョンアップやメンテナンスも不要というのも魅力的です。

ここまで読むと、やはりストックを増やすことに注力したほうがよさそうに思えることでしょう。ただ実際にやってみると、**予想以上に契約までの敷居が高い**ことに気づかされます。

毎月、一定の料金をいただくということは、クライアントにとってみれば、まさに固定費が増えるということです。内容に相当な魅力やお得感がなければ、そうそう契約してもらえるものではないからです。

私自身も何度もはね返されたし、後ほど紹介するジョイントビジネスにおいても、いくつも失敗を繰り返してきました。ただ、この壁を突破すると、次のステップに踏み出す資格が得られる……そんなことを念頭にこの本を最後まで読み続けてみてください。

ウェブの土台の上に柱を増やそう

● 業界独自のメリットを活かそう

「『ウェブマーケティング・デザイナーになろう』なんて書いておきながら、なぜツール販売やコンサルティングを勧めるのかよくわからない」

そんな感想を持たれている方もいると思いますが、起業する場合、**キャッシュポイントを増やす**ことは本当に大事です。

キャッシュポイントとは、読んで字のごとく、お金をいただけるポイントです。ウェブサイト制作が得意だからと言って、制作をしているだけでは、「制作費」と「保守・管理費」という二つのキャッシュポイントしかありません。

ご存知の通り、ウェブマーケティングには様々な施策があります。

「検索結果の上位表示を目指すSEO対策」「検索結果等に広告を出すリスティング広告」「積極的にコンバージョン率アップを狙うLPO対策」。その他、広告の自動入札ツールや効果測定ツール、高機能なアクセス解析ツール、Facebookページ制作や運用代行、LINE@のようなオフラインも絡めたサービスなど、**次から次に新たなツールやメディアが登場して**

くれるのは、この業界ならではの特色でありメリットです。

せっかくウェブ屋として独立するのですから、このメリットを積極的に活かして売上アップを目指しましょう。

●顧客単価を上げる方策

何も、ウェブ屋をやりながら、キャッシュポイントを増やすために、「居酒屋を始めましょう」と言っているわけではありません。

あくまでも、ウェブという土台の上に多くの柱を築きあげるのです。これはクライアントから見てもうれしいことなのです。ウェブサイトの更新はA社、リスティング広告の運用はB社、SEO対策はC社といった具合だと、窓口がバラバラで打ち合わせ回数が増えるし、各社の足並をクライアント自身が揃えなくてはなりません。

アクセス解析しか見ていないC社が、「このキーワードは費用対効果が悪いので、広告は停止すべきです」と言ってきたとしましょう。

それをB社に伝えると、「多少費用対効果は悪いですが、売上最大化のためには停止できないキーワードです。それよりも、このキーワードに合わせて、ウェブサイトのキャッチコピーを修正して、直帰率を下げる工夫をしましょう」といった反応が返ってきます。

それをA社に伝えると、「修正してもいいですが、トンマナ（トーン&マナー：一貫性）が崩れますよ」との返事。

こんな具合に、各社の思惑が入り乱れることも珍しくありません。

そこで、あなたの会社がそれらを**ワンストップで引き受ける**ことで、広い視野でウェブマーケティング全体を管理できるし、客単価も上がります。クライアントにとってみても、各社間の調整が不要になるというメリットがあります。

繰り返しになりますが、ウェブ屋の多くの仕事は労働集約型が基本です。社員数をそのままに客数を伸ばし続けることはできません。

そんな中で売上げを伸ばすには、**顧客単価をアップする**のが近道と言えます。今まで月に10万円だったサービスを、「今月から20万円いただきます」と言うことはできませんが、「こんなサービスを始めたので、御社でもいかがでしょうか？」という単価アップなら、クライアントにも喜ばれるというわけです。

●協力者を得て業務を広げる

もちろん、ワンストップで業務を受けるということは、言い訳ができなくなるということも意味します。

リスティング広告運用だけしていれば、「ランディングページの出来がいまいちですね」。ウェブサイト運用だけしていれば、「訪問者の質が悪いですね」と、責任を他に回すことができました。ひとつの業務だけであれば存在していた逃げ道を、ワンストップでは自分で塞ぐようなものだからです。

ただし、このやり方で軌道に乗せることができれば、そうそう契約解除ということにはなりません。「あなたなしではウェブマーケティングは考えられない」、そんな圧倒的な**信頼と確固たるポジションを勝ち得ることができる**からです。

しかし、あなた自らが一から十まで全部をこなそうと思うと、このようなサービス展開にはどうしても躊躇してしまいます。その気持ちは、一人企業歴3年の私だからこそ、よくわかります。「自分でできてしまうから」「自分でやったほうが結局速いから」「利益が減るから」、そんな理由でついつい自分でやってしまうのは悪い癖です。すべてを自分で引き受けてしまったら、業務を広げることはできません。

この業界には数多くの優秀な人がフリーランスで活動しています。いきなり社員を雇うのは明らかにリスクが大きいですから、まずはあなたの**味方になってくれる人を探し出す**ことから始めてみてください。昔ながらの楽天ビジネスやLancers（ランサーズ）を代表とするマッチングサイトを使うと、すぐに多くの返事が来るのでビックリするはずです。

私の場合、Twitterのほんの1回のつぶやきが拡散し、今まで二人のメンバーを味方につけることができました。

私の会社が4期目になって始めたFacebookページの運用代行も、私一人ではできなかったことです。業務の空き時間と言うと語弊がありますが、アルバイトの1日8時間の勤務時間のうちの1時間をその業務に回すことで、既存のクライアントが求めていたサービスを提供できるようになったのです。時給1000円であれば、月2万円ほどの仕入れで新たなサービスを受注できるというわけです。

また、リスティング広告とウェブサイト改善で、クライアントの志向やビジネスモデルを理解していることで、Facebookでどんな情報を発信していくべきかや、各種キャンペーンとの連動なども、こちらが主導権を握りスムーズな運用ができるのです。

●OEM提供を活用する

ツールについては代理店制度ではなく、OEM提供してくれる会社もあります。OEMとは簡単に説明すると、あなたの会社名でサービスが出せる形態のことです。サービス名を自由につけることができたり、料金を変えられるものもあります。

新規の申し込みは2012年末にストップしてしまいましたが、わが社のSEOツール「ココマッチＳＥＯ」も、実はＯＥＭです。ユーザーが管理画面にログインすると、「ココマッチＳＥＯ」のロゴマークが表示されるので、ＯＥＭだということを知られることなく、自分の会社名を冠にしたサービスとして出せるのです。

ＯＥＭ提供では、代理店制度と違ってほとんどの場合、初期費用がかかりますが、一から開発して運用するコストを考えれば安いものです。

この契約で問題になるのは、支払サイトや料金回収です。ＯＥＭは多くの場合、利用ユーザー数に応じて、売上げの一定額を提供元に支払うことになります。**ＯＥＭは、言わば営業と代金回収業**とも言えます。仮にあなたがユーザーから利用料金を回収できなくても、提供元には支払い義務があるわけです。

残念ながら、ウェブマーケティングツールを利用する小さな会社や個人事業主の中には、最初から料金を支払う意志がなかったり、「担当者が代わったのでよくわかりません」という信じられない対応で支払いを拒否するところもありますから要注意です。

「料金先払い」や「複数月分の料金を初回にいただく」「ユーザーを法人に限定する」といった工夫で未回収リスクを減らしましょう。

プチ不労所得の積み重ねが効く

●OEMや代理店での紹介料

不労所得とは、その名の通り「労せずに得られる所得」です。フロー、ストックのいずれにしても、手を動かすことなく売上アップが狙えるのですから、これを無視する手はありません。これだけで月100万円の売上げが達成できると、独立当初は本当に楽になります。

不労所得を得るための代表的なものは、**ツール系サービスのOEMや代理店**です。ウェブサイトを作るのであれば、どんなシンプルなサイトでもフォームは必要になりますから、クライアントの予算や必要な機能に応じて、3種類程度のツールは使い分けできるようにしておくといいでしょう。あまり種類が多いと、こちらも慣れるのにひと苦労するし、クライアントもどれを選んでいいのかわかりません。

無料提供可能なプログラムをひとつ。シンプルなツールをひとつ。高機能なツールをひとつ。これくらいあると、ほとんど困ることはありません。WordPressのようなCMSであれば、プラグインの機能がありますが、設置費用はいただくとしても無料の部類に入ります。

ちなみにわが社の場合、有料ツールとしては、「アスメル（レジェンドプロデュース）」「メール商人（EMZ）」を主に提供しています。「アスメル」は単発の紹介料をもらえるし、「メール商人」は利用者が更新するたびに売上げの一定額をもらえます。

とくに「メール商人」は、リスト数に応じて利用料金が変わるので、クライアントのリスト数が増えれば増えるほど、インセンティブが増えるのがうれしいポイントです。仮に紹介したクライアントとわが社の契約が切れても、ツールを利用し続けている限りインセンティブをもらえるのも、おいしい不労所得となっています。

●クライアントのことを考えた立場で

ネットショップのシステムも有名どころの多くは代理店制度があるので、必ずそちらを契約しておきましょう。紹介料として一律のお金をもらえるもの、料金に応じてストックでもらえるものと、いろいろあります。

ただし、インセンティブに目が眩んではいけません。**あくまでも視点はクライアント側であることが**大事です。予算が合わないのに無理に契約をさせたり、不要な機能やオーバースペックなツールを、さも必要なものとして紹介するなどは、もっての外です。

フォームやメール配信ツール、ネットショップのシステムは、数あるウェブ系商材の中でも必需品に分けられます。ＬＰＯツールのように贅沢品ではないので、長く使ってもらえるという特徴があり、自ずとストックが溜まっていきます。

●アフィリエイトで稼げる？

リスティング広告運用では、大手広告代理店は広告費をクライアントの代わりに支払い、20％ほどを運用費として上乗せして請求します。しかし、わが社もそうですが、小さな会社や個人事業主では、キャッシュフローや未回収リスクの問題から、広告費はお客様払いということが多いと思います。

もし、クライアントのたっての希望で広告費を立て替える場合は、数％でもいいので上乗せすることをお勧めします。たとえ3％であっても、広告費が増えればそれなりの額になるし、通常の運用費にプラスされる不労所得と捉えることもできるからです。常識的な上乗せ額であれば、クライアントにも納得してもらえるはずです。

不労所得の代表的なものと言えば、やはり**アフィリエイト**でしょうか。私はあまりやりませんが、Google AdSenseを自社サイトに貼り付ければ、クリックごとに収益が発生します。

私が唯一やっていることと言えば、ブログやメルマガで書籍を紹介する際に、アマゾン・アソシエイトプログラムで取得したURLを貼り付けておくくらいです。

しかしここで、「たかが書籍の数％」と思った人は、ちょっともったいないですよ。その

ＵＲＬをクリックした人は何も書籍だけを買うわけではないからです。アマゾンはもはや本屋の枠を大きく飛び出し、パソコンから家具、食品まで購入できますから、意外にコンバージョン率が高いのです。書籍のＵＲＬをクリックした人が、数万円の買物をすることだって珍しくありません。

●不労所得が主になったら……

しかし、不労所得に目が眩んで、アフィリエイト漬けの生活になっては、本末転倒なので気をつけてください。不労所得とは一切何もしないで収益をあげることですが、残念ながら本当に何もしないで儲けることは、ウェブの世界ではまずあり得ません。月何十万円、何百万円と稼ぐアフィリエイターも、しこしこウェブサイトを増やしたり、メルマガを書いたり、ブログを書いたりしているわけです。

話が逸れましたが、何だかんだ言っても不労所得はやはり魅力的ではあります。ただし、プチ不労所得と書いたように、ここで紹介したことで大きく稼げるかと言うと、そうではありません。何かクライアントに提供するとき、何かを紹介するとき、「せっかくなので、ちょっとした旨味をいただいておこう」程度に留めておきましょう。

ここばかりに意識をフォーカスすると、人間おかしくなってしまいます。

小さな会社は「1勝9分け」を選ぶべし

◉大企業と一人企業の違い

ユニクロの柳井正社長の著書に『一勝九敗』があります。この本には、世界的な企業となったユニクロであっても、ロンドンへの進出や野菜の販売等、むしろ敗ける＝失敗することのほうが圧倒的に多いということが書かれています。多くの失敗から学べることや引き際の大切さも学べる本で、私も感銘を受けました。

ただ私は、**小さな会社には小さな会社の戦い方がある**と思っています。たとえば、ストック型のビジネスにしても、大企業にしてみれば月100万円の売上げでは大失敗でしょうが、一人企業であれば、当面の目標売上げ＝成功になるからです。

私が独立に合わせて作ったＬＰＯツールもまさにそうでした。

サービスリリース直後、お金がなかったので、ネット系のプレスリリースを配信したのですが、最初の問い合わせは某大手ＩＴ企業からでした。それも、似たようなツールを3ヶ月ばかり先行してリリースした会社だったのです。

「面白そうなツールなので、お話を伺いたい」。そんなメールが届きました。当時4万円台が最低料金の相場でしたが、その会社のツールは1万2600円。業界最安値をうたってリリースして数ヶ月後に、いきなりココマッチーという正体不明な会社が、さらに安い5250円という価格で飛び入り参加してきたので、お声がかかったのだと思います。

結局、この話はお互いのスケジュールがなかなか合わず流れてしまったのですが、それから1年後に意外なことがわかりました。そのIT企業は、バリバリの電話営業が得意な会社だったのですが、このツールにはどうやら見切りをつけて、営業を縮小したそうなのです（今は子会社に譲渡しています）。

●小さな会社の生き残り戦略

正直、ココマッチLPOも1年後の段階では、とてもウハウハの生活を満喫できるという段階ではなかったのですが、売上げの軸として貴重なキャッシュポイントとなってくれました。ギリギリ生活費を賄えるほどのレベルでしたが、非常にありがたい収入源だったのです。それでも大企業にとってみれば、1年で営業を縮小せざるを得ないほどの売上げでしかなかったということなのでしょう。

しかしわが社としては、ここが実はチャンスだったのです。LPOツールというのは、数あるウェブマーケティングツールの中でも、かなりマニアックなものなので、他社を含めて爆発的に市場が膨れ上がるまで成長しなかったという現実があります。

わが社は小さな会社なので、「価値がわかる人にだけ使ってもらえれば十分」というスタンスに早い段階でシフトでき、私の意志ひとつで提供し続けることができたのです。大きな会社であれば、採算が合わないという理由で撤退となってしまうところを、**小さなマーケットでも生き残りを選ぶ**、「残り物には福がある戦略」が取れたというわけです。

6期目に突入した今でも、このツールだけで儲かっているというわけではないのですが、LPOツールを4年以上提供し続けているという点で、クライアントに安心感を与えることはできているし、ツール自体が集客のためのフロントエンド商品として機能し、コンサルティング契約に結びついたり、ウェブサイト運用の付加価値として提供したりと、副産物的なメリットが数多く発生しています。

「LPO」で検索すると、1位と3位の間をウロウロしているのですが、これもLPOコンサルタントという肩書きで独立した、私自身の裏づけとしての価値があると思っています。

●1勝9分けの精神

勝ちではないが、決して**負けではない価値を生み出す**。100万円の小さな柱でも、それが9個もあれば900万円。これだけで年商は1億円に到達します。実際には、1勝9分けですから、100万円に到達しないもののほうが多いのが現実でしょうが、負けと認めない限り、それは負けではないのです。直接的には月に1万円の利益しか生まなくても、副産物、付加価値を生み出す可能性があるのでしたら、まずは続けることを私はお勧めします。

とくに会社が小さなうちは、1勝9分けの精神で**キャッシュポイントと売上げを増やし続けること**を心がけましょう。

ただし、労働集約型のサービスとなると話は別です。労力と収益が合わないものを続けていると、いつまで経っても貧乏暇なし状態から脱却することはできません。これはヤバいと思ったら、すぐに**サービス内容の変更や料金改定**を実施すべきです。

わが社の場合、WordPressを利用した「士業向けホームページ制作サービス」がこれに当たります。オリジナルデザインながらも、レイアウトには一切変更を加えないので、コーディング時間が大幅に短縮でき、とにかく少ない工数で完成させることができるのが、こちら側のメリット。「低価格・ハイクオリティ・短納期」を売りにサービスをリリースしましたが、何だかんだで手抜きができず、結局、通常の制作サービスと同レベルの工数がかかってしまい、すぐに新規申し込みを中止しました。

この失敗は私が未熟だっただけで、うまくやっている同業他社もあるようですが、**性に合わないことには手を出さない**ほうがよさそうです。

チャリンチャリンが売上げも心も安定させる

●「仕組みで儲ける」ビジネスモデル

チャリンチャリンとは、私達がよく使う造語で、ストック型の収益モデルの話をするときに出てきます。つまり、労働集約型ではなく、「仕組みで儲ける」ことです。

しかし、ストックは利用者から見れば固定費となるので、成功と呼べるレベルまで達するのは並大抵のことではありません。

では、チャリンチャリンだけで、月に100万円以上の売上げを達成するためにはどうしたらいいのでしょう？　ここまでにもいくつかヒントを書いてきましたが、これという正解がないのもまた事実です。正確に言うと、正解は常に移り変わっていくのです。

- **複数のサービス、キャッシュポイントを用意する**
- **売上げが少額でも継続する**
- **OEMや代理店制度を活用する**

大きくこの三つがポイントでした。では、移り変わっていくとはどういうことか、わが社のケースを参考に説明していこうと思います。

●わが社の売上構成の変化

わが社のストックは大きく分けると、ウェブサイト運用、ツール販売、コンサルティング、その他（インセンティブ等）となりますが、ここでは話をわかりやすくするために、その他は除外します。

1期目はウェブサイト制作を中心に活動していたため、ストックのほとんどがウェブサイト運用でした。コンサルティングはあくまでもウェブサイト運用の付加価値として提供していた時期なので売上げはなく、ＬＰＯツールの売上げも微々たるものでした。

2期目は、ＬＰＯツールに加えてＯＥＭのＳＥＯツールを売り出した時期で、売上比率が大きく変わっています。また、お客様の要望から開始したコンサルティングは、1社当たり月10～30万円ほどもらっていたので、いきなりツールと肩を並べるまでに成長しました。

3期目は、とくにＳＥＯツールが好調で、ストックの半分を占めるまでになりました。ただし、ＳＥＯツールはＯＥＭなので、売上げの何割かを提供元に支払っていたこと、広告費もある程度かけていたことから、利益率自体は下がった時期でもあります。

4期目は、リスティング広告運用のクライアントを積極的に取りに行き、客数を一気に増やしたため、完全に主力事業へと変貌しました。また、ＳＥＯツールは諸事情で新規申し込みを停止したため、ツールの売上比率が一気に下がっています。

● わが社の1～4期の売上構成

ストック	売上比率（1期目）
ウェブサイト運用	9
ウェブマーケティングツール販売	1
コンサルティング（リスティング運用含む）	0

ストック	売上比率（2期目）
ウェブサイト運用	4
ウェブマーケティングツール販売	3
コンサルティング（リスティング運用含む）	3

ストック	売上比率（3期目）
ウェブサイト運用	2.5
ウェブマーケティングツール販売	5
コンサルティング（リスティング運用含む）	2.5

ストック	売上比率（4期目）
ウェブサイト運用	3
ウェブマーケティングツール販売	2
コンサルティング（リスティング運用含む）	5

●需要・時代に柔軟に対応する姿勢

ざっくりとした数字ですが、売上比率が期ごとに大きく変わっている傾向はわかると思います。よく言えば、これはクライアントや見込客の需要や時代の流れに合わせ、コアとなるキャッシュポイントを移動させてきた結果なのです。

この間の変化の要因を考えてみましょう。3期目に入るまでは、アウトソーシングにほとんど頼ることなく、1馬力で走り続けていました。そのため新規のウェブサイト制作をあまり受注できない状況となり、売上比率は1期目の9から、3期目には2・5まで下がっていきました。

また、私の4冊目の書籍『あの繁盛サイトも「LPO」で稼いでる!』(同文舘出版)の影響から、LPOツールやコンサルティングの受注が2期目後半から伸びていったというのも変化の要因のひとつです。

ストック売上げ100万円を達成できたポイントとしては、状況に合わせて**「柔軟に、主力となるキャッシュポイントを変化させてきた」**ことだと言えるでしょう。ちなみに、私の場合はストック100万円到達までに1年5ヶ月もかかってしまいました。

3章

独立して大きく飛び立つために

まずは地道に足下を固めなければなりませんが、
独立したからには
ウェブ屋の枠を超えて大きく羽ばたきたい……。
そんな可能性を具体的に描くことで
実現させたい未来が見えてくるでしょう。

あなたもコンサルティングにチャレンジ！

●コンサルタントの役割とは

前章のストックの中でも、とくに高い単価を狙えるのがコンサルティングという仕事です。いきなり単価の話をすると異論反論が出そうですが、ウェブ屋として独立したからには、ぜひともお勧めしたい、とてもエキサイティングな仕事であることは間違いありません。

コンサルタントと言っても、具体的な業務は何を武器にするのかによって異なりますが、基本的には**経営者やマーケティング担当部署等の問題解決に力を注ぐ**ことになります。

多くの企業は、自社のことはなかなか客観的にわからないものです。「顧客・他社からどう見られているのか？」「自社の強みや弱み」「現状の問題点」「競合他社と自社の差」といったことです。そこで、**認識している課題や悩みをヒアリングし、様々な手法で解決へと導く**こともコンサルタントの使命と言えるでしょう。

ウェブサイト制作やリスティング広告の業務においても、打ち合わせ時にコンサルティング業務に近いことをすると思いますが、コンサルタントには、ときに陣頭指揮を取り、ときにウェブという範疇を超えたサポートをするダイナミックさも要求されます。

そう、コンサルティングとは、あなたの能力やクライアントのステージしだいで、アメーバのようにサービスの形が変わるものなのです。逆に、毎回同じ雛形の資料を用意するだけでは三流コンサルタントです。

ページ数、厚み重視の膨大な資料や提案書を準備することを否定する気はないし、私自身もクライアントによって、ステップの中でそうすることもあります。

ただ、私が知っている本当に優秀なコンサルタントは、「即興力」に優れています。現場に通い、現場で話をし、現場で方向性を明示したり、その場で解決へと導くのが目指すべき姿と言えます。

●「名乗ればコンサルタントになれる」が……

私の場合、独立時に決めたＬＰＯコンサルタントという肩書きを今でも名乗っていますが、実際にはウェブマーケティング全般のサポートをすることのほうが圧倒的に多く、ときにはリアルな販促活動や商品開発に関わることもあります。

どこかのタイミングでＬＰＯコンサルタントという名称を変えるか、素直にウェブコンサルタントという肩書きを加えてもいいかなと思っていますが、幸いニッチなキーワードだけにライバルが少なく、対応しきれないほどの問い合わせをいただいています。

コンサルタントという仕事には資格はありません。名乗った日からあなたはコンサルタントとして活動できます。それだけに今、◯◯コンサルタントとして独立する人が数多くおり、また玉石混淆なので、コンサルタントのイメージは決していいものではありません。

しかし、それに代わる言葉を探して、◯◯ディレクターのような妙な肩書きを作り出すのは、あまりお勧めしません。**質の悪いコンサルタントは自然に淘汰**されます。イメージが悪いのであれば、あなたが変える努力をすればいいだけの話です。

●コンサルタントの仕事の実際

コンサルタントとして最初の一歩を踏み出すには、まず名乗ることなのですが、実践としての最初の一歩はどうしたらいいでしょう?

経験が浅いうちは、**ヒアリングをする**ことから始めてみてください。先に挙げたポイントをていねいに聞き出し、その解決方法を次回の打ち合わせ時にまとめていくのであれば、実践できそうな気がしませんか。

重要なのは、**最初の段階で目的や目標をしっかり共有する**ことです。「昨年同月比の売上げを130%まで持っていくために、これから3ヶ月間は主にネット広告とランディングページの改善を実施する」といった具合です。

クライアントによっては、年間スケジュールの作成を希望するところもありますが、あまり詳細に決めてもその通りに進むことはごく稀なので、少なくとも半年1年おつき合いし、先方のビジネスをじっくり理解した上で作ってみてはいかがでしょうか。

数件のクライアントを持ち、数稽古をこなしていく中で、**あなた流の型を見つけ出し、ブラッシュアップ**していけばいいのです。

正直、最初のうちは、「これでいいのだろうか?」と不安になることもあります。ウェブサイト制作のように確実な成果物はなく、リスティング広告のように、良かれ悪しかれ、すぐに結果が出るケースは少ないからです。

私の場合、提案しても実践まで至らず成果が出ないことが多々見受けられた、という経験から、実践型と称して、コンサルティングを切り口にして、他のサービスをセットで提供することにしました。今はリスティング広告とウェブサイト改善のアドバイスをセットにし、毎月1回、訪問コンサルティングを実施するサービスが主力となっています。

リスティング広告のレポートがA4で5~8枚。ウェブサイトの改善レポート(指示書)が5~8枚。その他、必要に応じて参考資料やデータ1~5枚というのが通常のボリュームです。

コンサルティングの中身は本当にバラバラです。リスティング広告の知識を社内に広めてほしいという要望に応えることもあれば、商品開発を含めたトータルのブランディングを実施するケース、集客のためにセミナーや相談会等のリアルイベントを一緒に作り上げていくケースなど、成果に結びつくことであれば、何でも一緒にやっていくことが楽しさに繋がっています。

その他、私の場合、オプションサービスとして、Facebookページやオリジナルブログの制作もメニュー化しています。「もはやコンサルティングの枠を超えている」と同業の人に言われたこともありますが、どうせ、あやふやな言葉なのです。自分がいいと思ったことは何でもやったほうが気持ちがいいでしょう。

●コンサルタントの料金

コンサルタントの悩みのひとつに料金設定があります。この設定しだいでターゲットも変わってくるし、先方の要求レベルも大きく変わってくるでしょう。

一般的に、中小企業を相手にするのであれば、月に10～50万円が相場です。大企業相手であれば、その10倍程度まで伸ばすことができます。

私が知っている最高値のコンサルタントは、月に１５００万円ですが、それは大企業対大企業の話なので、最終目標程度に覚えておいてください。

いきなり30万円もらえたら、それは非常にラッキーなことです。

- **他者には真似できない専門性がある**
- **書籍を出版している等、名が通っている**
- **特定の業界ですごい実績がある**

いずれかに当てはまらなければ、通常は10万円出してくれる企業すらない、というのが現実です。私は幸い、サラリーマン時代に書籍を2冊出す機会に恵まれたのですが、まずは**専門性を磨きながら実績を積む**道を選んでみてはどうでしょうか。

最悪なのは、「私には、まだその資格がない」と勝手に決め込んでしまって、いつまでも行動を起こさない人です。そんな人は、いつまで経ってもスタートが切れません。

結果を出せば評価は後からついてくる

まずスタートする。実績や経験、専門性は後からついてくるものです。今、一流と呼ばれているコンサルタントにしても、最初からすごかった人なんていません。

料金に見合った結果や成果物を出す努力を続けることで、最初は5万円しか自分に値づけできなかった人も、20万円、30万円という金額をもらえるまでに成長していくものだし、そうでなくてはならないのです。

月に30万円と言うと、値引きを要求されることもありますが、「人を一人雇うと思ったら、それ以上かかりますよね？　私にその価値があると判断していただけましたら、ご契約をお願いします」というスタンスでちょうどいいと思います。

この言葉は私の知り合いのコンサルタント（ウェブ業界ではありませんが）から、もらった言葉です。当時は、「そうは言っても、月に30万円だぞ！　クライアントがいくら売上アップすれば費用対効果が合うことになるんだ？」と思い悩んだ時期もありましたが、今では、知人の言葉通りだと思っています。

むしろ、「4冊も著書を出しているし、それだけ広い範囲をサポートできるのだから、もっと値上げしないともったいない」とすら言われたことがあります。

しかしこれは、ターゲット層の問題です。私の場合は、「月に数十万円の広告費しか出せないが、何とかしてウェブマーケティングにチャレンジして売上げをアップしたい」という中小企業、中でも年商10億円以下の企業をコアターゲットとして考えているので、現在は10～30万円という価格設定をしているわけです。

業界でもトップクラスの大企業の方からは、安すぎて驚かれますが、今のわが社の規模を考えても、ちょうどいい塩梅だと思っています。

ジョイントビジネスの成功法則

●大きなビジネスに挑戦できる!

小さな会社には、いろいろな制約があります。「よほどの実績や専門性、人脈がない限り、大手企業から声がかかることはない」「同じく信用という側面から、銀行からの借入がむずかしい」「マンパワーが限られている」など、とくに一人企業だとこうした傾向は顕著です。

ただ、せっかく自由を求めて独立したのですから、**大きなビジネスを展開してみたい**と思うのは当然の話です。そんな場合は、ぜひジョイントビジネスを考えてみてください。

ジョイントビジネスとは、簡単に言うと複数の会社が協力して事業を行なうことです。たとえば、「システム開発が得意なA社と、企画・進行が得意なB社、営業やマーケティングが得意なC社が集まれば、優れたサービスをローリスクで展開でき、A社だけで実施するより成功確率を高めることができる」。そんなイメージです。

平たく言えば協業となるのでしょうが、ジョイントビジネスは、**ゼロの段階から複数社が同意のもとでスタートする**ことが多いようです。

ありがたいことに私の元にも1期目から、いくつかの話が舞い込んできました。今でも継続しているのは、中小企業向けにセミナーや勉強会を開催するグループを作るという案件が2件。新しいコンセプトの健康食品を製造・販売するという案件。地域活性化のために地場産業と異業種のコラボレーション商品を製造・販売するという案件の4件です。

残念ながら話だけで消えていった案件や、中途半端にスタートし、鳴かず飛ばずで終わった案件も同数以上あります。

●わが社のジョイントビジネスの経過報告

わが社が参加した案件の成功事例の共通点は、わが社はあくまでウェブ屋としてウェブサイト制作やマーケティングを担当したこと、売上げに応じて複数社で利益を分け合ったことの2点です。

この本の執筆時点では、セミナー関連の2件については、2〜3ヶ月に1度のペースでセミナーを開催しているので、当初の計画は滞りなく実施されていると言えます。セミナーはあくまでもフロントエンドで、そこから各社の**バックエンド商品に繋げる**という目的も少なからず達成しています。

このジョイントビジネスの特徴は、セミナーや勉強会を展開するだけなので、**初期投資がほとんどかかっていない**ということです。また私自身の講演料は、よそでやる場合は通常10

〜30万円もらっているのですが、ジョイントビジネスの場合は、当然ながら無償です。セミナーが乱立する中、一番の課題は集客なのですが、各社が協力することで、20〜30名規模の小規模セミナーを継続しています（決して楽ではありませんが）。

健康食品については、約1年という準備期間を終え、販売を開始しましたが、当初の目論見通りには売上げが伸びていない状況です。ここからが勝負と言えるでしょうし、腕の見せどころでもあります。商品開発から始めたので、ある程度の初期投資が必要でしたが、このジョイントビジネスでは主体となる会社がそれを引き受け、受注から配送といったフルフィルメントも担当しています。全体のディレクションは通信販売で実績のある人が担当し、わが社はランディングページ制作とリスティング広告の担当という具合です。

地域活性化については、大手出版社も巻き込んだ大きなプロジェクトなので、2年近い準備期間を経て、ようやく今夏には形になりそうです。

●成功率を上げるためのポイント

わが社で継続中のジョイントビジネスを紹介させていただきましたが、どんな感想を持たれましたか？　セミナー以外の2案件では、わが社の担当は通常業務とかぶる部分が多いのですが、対クライアントと違い、一からビジネスを組み立てるという点で、通常業務では味わえないダイナミックな内容になっています。

また、この仕事を長くやっていると、「自社でも何か形あるものを作って売ってみたい」という願望が湧いてきます。そういったときも、**ジョイントビジネスで今までなかったノウハウを身につける**ことができます。

このように、ジョイントビジネスは夢のある事業形態なのですが、私の失敗経験も踏まえて、いくつか成功率を上げるポイントをまとめてみましょう。

・リーダーを明確にする

会社に社長がいるように、どんなプロジェクトにもリーダーがいなくてはなりません。ジョイントビジネスは、ややもすると、なぁなぁ気分で一向に話が進まないこともありますので、全体を管理し、ときには活を入れる存在が必要です。

・役割分担を明確にする

通常のプロジェクトと同様、各社が何をするのかを明確にしておく必要があります。あなたがウェブサイト制作を担当するのであれば、責任を持って取り組まなくてはいけません。また、あなたの担当外のことに意見を言うのはかまいませんが、最終的にはその道のプロの意見を尊重する姿勢も大切です。

・投資額・報酬を決める

ジョイントビジネスに限ったことではありませんが、お金の問題はもっともナイーブで、もっとも争いの火種になりやすいものです。各社の担当範囲や工数、初期投資額等を考慮して、皆が納得の上でスタートすることが大事です。何となく3等分にしようとか、儲かってから考えようといった曖昧なことでは、間違いなく争いが起きます。お金は本当に怖いものですから、きっちり書面を取り交わしておきましょう。

・**撤退条件を決める**

登山でもっとも大切なことのひとつは、天候やルート状況、メンバーの体調等、様々な状況を判断してリーダーが撤退（下山）を決定することです。

しかし、ジョイントビジネスにおいては、その都度の状況でリーダーが撤退を判断することはあまりお勧めしません。よほどのリーダーシップがあれば別ですが、お金が絡むことなので皆が納得するか疑問が残るからです。

「販売開始から6ヶ月で初期ロットが売れなかったら撤退」「1年以内に会員が100名に到達しなかった場合は解散」といったように、明確な撤退条件を話し合いの上で決めておきましょう。こうした条件があったほうが、皆が本気で取り組むことに繋がります。

・**安易に話に乗らない**

これはあなた自身の問題ですが、金銭的にも時間的にも余裕がなければ、ジョイントビジネスには乗らないほうがいいでしょう。

総じてジョイントビジネスは、**報酬が発生するまでに時間がかかる**ものです。あなただけ金銭的にパツパツの状態だと、進行具合や売れ行きに対して、やきもきして暴言を吐いてしまうことがあるかもしれません。時間的にゆとりがなければ、あなたの担当業務が滞ることで他のメンバーに迷惑をかけてしまうかもしれません。

自社サービスであればいくらでも調整できますが、複数社が絡むということは、それだけ責任もあるということなのです。

ジョイントビジネスには夢があります。自社だけではできないビジネスを展開でき、自社だけではあり得ない報酬を得られる可能性を秘めているからです。

少し余裕が出てきた段階でいいと思います。あなた主導でぜひとも仲間を巻き込んだビジネスをスタートしてみてください。

ウェブ屋はウェブで稼いでなんぼ

●広告費の重みを知る

お客様の信用を勝ち得る方法のひとつに、ウェブで稼ぐという方法があります。クライアントを稼がせるのではなく、**自社がウェブで稼ぐ**のです。ウェブ屋なんだから当然だろうと思われるかもしれませんが、忙しい日々を過ごしていると、自社のウェブサイトや広告には、なかなか手がつけられずに後回しになりがちです。

あるとき、月間1000万円近い広告費をかけているクライアントの社長に、こんなことを言われました。

「川島くんは、いくら広告費をかけてるの？」

想定外の質問に、私は「まぁ、ボチボチですよ」などとごまかしたのですが、キャッシュフローが火の車だったこともあり、そのときはまったく広告費をかけていなかったのです。

「うちは、書籍の読者や紹介経由のプル型営業とセミナー営業でお腹がいっぱいだから、わざわざお金を払ってリスティング広告をかけなくていい」と思っていたことも白状します。

そのときはもう、リスティング広告のノウハウも十分溜まっていたので、気持ちを入れ替えてトライしてみたのですが、大きな気づきがありました。

「身銭を切って広告を出すって、こういうことなんだ……」

たった2クリックで吉野家の牛丼が食べられ、10クリックでいつもより豪華なランチが食べられると頭ではわかっていましたが、いざ自分のお金で広告を出してみて初めて、**広告費の大切さを心の底から思い知った**のです。同時に、厳しいキャッシュフローから広告費を捻出する怖さを感じました。

クライアントの場合は広告費だけではなく、わが社がいただく広告運用費もかかるので、きっとそれ以上でしょう。決して安くはない料金を毎月もらっているのだと、身が引き締まったことを思い出します。

●リスティング広告の有用性

身銭を切って広告を出すということは、サラリーマンにはできない特権でもあります。

私が初めてリスティング広告を出稿したのは、今から9年前のサラリーマン時代ですが、右も左もわからずに、30万円という1ヶ月分の広告予算をたったひと晩で使い切ってしまった苦い記憶があります。当時は、社長に怒られながらも、「やってしまった!」なんて軽口を叩いていたのですが、今、同じことを社員にやられたらと思うとゾッとします。

何も危機的な状況になるまで広告費をかけろと言う気はありません。広告費をかけないというのもひとつの選択肢だからです。

ただ、1ヶ月でも2ヶ月でも、**胸が熱くなるほどに身銭を切る経験をしておく**と、リスティングプレーヤーとして一歩成長できると確信しています。私のいた会社の社長もよく、「札束に火を点けられない奴はダメだ」と言っていましたが、広告を扱うのであれば、なおさらだと思います。

話は戻りますが、独立後初のリスティング広告は思いのほか順調でした。先に紹介した3期目のストック売上比率で、ツールが50％にまで達したのは、完全に広告のおかげです。

ＯＥＭのＳＥＯツールの代理店は他にも数十社あったのですが、リスティング広告上では同じ商材を扱う強敵は1～2社しかなかったのです。であれば、もう勝ったも同然です。他のウェブサイトより上手に商材の魅力を伝え、わが社の強みであるＬＰＯツールとのセット販売で、どんどん受注を増やすことに成功したのです。

余談ですが、ＯＥＭの提供元から、「どんなキーワードでリスティング広告をかけると、あんなに受注できるのですか？」と電話をもらったこともあります（もちろん教えませんでしたが）。

●得意の営業方法で勝負！

一方、テレアポや電話営業に自信があるのであれば、プラスワンの営業手法として積極的にトライしてください。

「今日、某SEO会社から電話営業があったけど、SEOで勝負しろw」といったつぶやきをTwitterで見かけることがありますが、この考え方は間違っています。

「SEO」や「ホームページ　集客」等の**キーワードで検索する人々とは違う層にアプローチできる**のが電話営業のメリットだからです。まだSEO対策を知らない会社、知ってはいるが実践していない会社が、わざわざ検索するわけはないからです。

そして、最初に書いたように、**自社のウェブマーケティングに力を入れているウェブ屋は案外少ない**のです。

営業や打ち合わせの際、事例を聞かれても、守秘義務の関係でクライアントの情報は教えられないことが多いのですが、自社の事例であればいくらでも教えられます。クライアントのいいお手本となるよう、自社のウェブマーケティングに本気で取り組んでみてください。

ウェブ屋はウェブで稼いでなんぼです。

ウェブ屋はウェブで稼げてなんぼです。

「地方」の「中小企業」がキーワード？

●まだまだウェブ屋のマーケットは広い

ウェブ屋として独立するという話をすると、きっと周りはこんな反応をすると思います。

「星の数ほど競合相手がいるから大変だよね」

たしかに、ウェブサイト制作の会社はたくさんあります。リスティング広告の代理店やSEOの会社、フリーランスで働いている人まで含めると、あまたの競合相手がいることでしょう。また都市圏に限らず、ほとんどの会社がすでにウェブサイトくらいは持っているというのも事実です。ただ、ウェブ屋の場合は、それ以上にマーケットが広いのも事実です。それこそ、**星の数ほどある企業のすべてが見込客**だからです。

美容室やゴルフ場のように、ウェブの活用がまだまだ遅れている（あきらめている？）業界もあるし、ウェブが浸透していると言われている弁護士や税理士といった士業であっても、本当にウェブマーケティングを実践し、それを継続できている事務所は少数派です。

正直、激戦区と言われる東京であっても、まだまだ開拓の余地は残されています。

視点を変えれば、LINE@やFacebookページ、Facebook広告といった**新しいマーケティ**

ング手法を切り口に、顧客数を増やしていくことも十分に考えられます。

わが社がとくに目をつけているのは、地方の中小企業です。一概には言えないかもしれませんが、２００５年あたりから中堅ウェブ屋が積極的に市場を開拓した地方都市は、とくに狙い目だと思っています。

当時、数百万円でリース契約をして、今となってはあり得ないほど質の低いウェブサイトを作った会社があります。そこまで酷くなくても、パンフレット代わりにウェブサイトを作り、長年放置している会社もそれこそ星の数ほどあります。

全国区では知名度は低くても、**地元では有名な企業**もたくさん存在します。

他にも比較的多いのは、地方のシステム会社が作った、**販売力が弱いウェブサイトを今でも使っている**ケースです。

テキストのちょっとした更新や写真の掲載だけで何万円という、東京価格でもあり得ない保守費用を請求されている企業もたくさん目にしてきました。もちろん、納得の上で契約を続けているのですから、それが悪いと言うわけではありません。

●地方でチャンスをつかむポイント

ウェブ屋には、まだまだチャンスは転がっているということです。

わが社は東京の渋谷を拠点としているので、クライアントの多くは都内の企業ですが、新潟県、長野県、栃木県、愛知県、大阪府、山口県といったエリアにも散らばっています。単発のコンサルティングやツール利用者を含めれば、さらにエリアは拡大します。

では、地方の企業に喜んでいただき、結果を出すためにどんなサービスを展開しているか、そのポイントをお教えします。

・対面で会う

あるとき、有名どころのウェブ屋がすでに入っている企業に営業に行ったことがあります。たしかにリスティング広告の運用はきちんとされていたのですが、毎月数字だらけのレポートがどっさりメールで送られてくるだけということに、不満を感じていたそうです。

料金的にもわが社のほうが多少安かったこともあると思いますが、**毎月訪問する**というスタンスに共感していただき、乗り換えてもらえました。

営業の際はもちろん、**毎月の定例会で顔と顔を合わせる**ことが重要になります。東京から足を運んでいることに、ありがたみを感じてもらえるということではありません。対面することで、**お互い腹を割って話せる環境を作り上げることができる**のです。

あまり大きな声では言えませんが、地方のクライアントの社長と訪問の機会にお酒を飲むことが私の密かな楽しみで、仕事の打ち合わせではなかなかできない家族の話や社長同士ならではの苦労を分かち合うことで、ビジネスを超えたコミュニケーションが図れています。

誰もがネットを使い、スマホを操るようになった今だからこそ、**実際に会うことがサービスの大きな付加価値となる**のです。

・最新情報を提供する

地方の方は情報格差をとても気にしています。ネットを見れば、最新のウェブマーケティング手法は何となくわかるのですが、「地元の企業でそれができるのか?」「地方でも活用できるのか?」「そもそも、これは最新情報なのか?」、そんな不安があるようです。

その企業での活用はむずかしいと思っても、「今、こんな手法が効果を出しているんですよ」「最近はこのサービスが注目を集めています」と伝えることで、とても喜んでもらえるし、実際に活用できることも珍しくありません。

・潜在需要をくすぐる

通販サイトは別として、地方×地域密着型ビジネスのリスティング広告の運用をすると、想定よりも**インプレッション**数が少なくて驚くことがあります。そのため、せっかくいただいた広告予算を使い切れないこともあります。

もちろん、広告費を使い切ることが仕事ではないのですが、そんなときは積極的に**ディスプレイネットワーク**を活用することにしています。念のために説明しておくと、これは

インプレッション（impression）：ウェブサイトに訪問者が訪れ、広告が表示された回数。

Googleの提携先サイトにテキストやイメージ広告等を配信できる広告です。設定したキーワードはもちろん、ユーザーの年齢や興味、関心に合わせて配信先が選定されるのが特徴です。ニッチなサイトから、誰もが知っているアメブロや毎日新聞、食べログやYouTube等も配信先に含まれます。**地方新聞社のサイト**も配信先になっていることが多いので、そういったサイトには狙って配信（手動プレースメント）することもあります。

説明は端折りますが、ウェブサイトの訪問者を追いかける**リマーケティング広告**も活用します。この広告がとても評判がいいのです。

この仕組みを知っている一般人はあまりいないので、「この会社、いろいろなサイトに広告を出しているな。儲かっているんだろうな」と思われ、知り合いから連絡が来たり、同業から相当うらやましがられるそうなのです。笑い話のようですが、これは実話です。

もちろん、コンバージョンに至らなければ広告費の無駄打ちなので無理はいけませんが、こうした手法が地元の認知度アップにひと役買っているのは間違いありません。

地方で成功事例を出すことができれば、その土地での営業は格段にやりやすくなります。クライアントに許可をもらった上で、事例として企業名や数値データを出すと、「この会社がやっているなら間違いないだろう」と、一気にクロージングまで持っていけるのです。

「目指せ！　一点突破」そして全面展開！

●フロントエンドとバックエンドの選択

サービスは大きく二つに分けることができます。

この本の中でも、すでに何度か登場しましたが、フロントエンド（商品）とバックエンド（商品）という言葉を聞いたことはありませんか？

フロントエンドとは、最初にお客様に買っていただく商品やサービスのことです。一般的には、「価格が安いものや導入の敷居が低いもの」になります。**バックエンドとは、本当に買ってほしい商品やサービス**のことで、こちらで大きな利益をあげることを目指します。

スーパーであれば、10円の豆腐（これでは利益は出ない）でお客様を集め、利益率の高い商品のついでに買いを狙います。リフォーム会社であれば、格安で洗面台を提供し、その後の営業でお風呂やトイレ、キッチン等、水回り全般の受注を一気に狙うといった具合です。

ウェブ屋として独立して、ウェブサイト制作だけを提供する場合は、いきなりバックエンドを売りつけているようなものです。こうなるとフロントエンドのほうが敷居が高く、バックエンドの管理費や保守費（ストック）のほうが低いという逆転現象に陥ってしまいます。

● わが社の営業品目

フロントエンド	バックエンド	オプション
LPOツール	ウェブサイト制作	ブログ制作
SEO対策	ランディングページ制作	Facebookページ制作
セミナー	リスティング広告運用	Facebook運用
お試しコンサルティング	コンサルティング	LINE@導入支援

これでは、よほど営業力がある人を除いて、安定した売上げをあげることはむずかしいでしょう。だからこそ、複数のサービスを用意し、その中からフロントエンドとして機能させるものを選ぶ必要があるのです。

● 効果的に「営業品目」をアピール

わが社の場合、上表のようなラインナップを取っています。オプションはそれ単体で受けることはなく、バックエンドの付加価値サービスという位置づけです。

これ以外にも、写真撮影や動画撮影、コピーライティングだけを引き受けることもありますが、あくまでイレギュラーに過ぎません。

では、「営業品目」を決める際の注意点には、どんなことがあるでしょうか。

・フロントエンドもバックエンドも複数用意する

フロントエンドは、できるだけ多く用意することをお勧めします。フロントエンドとして用意したものが、すべて順当に機能するかどうかわかりませんし、見込客の需要は多岐にわたるというのが理由です。

コンサルティングには「お試しコンサルティング」、リスティング広告運用には「セミナー」のように、**バックエンドを増やしたら、それに合わせてフロントエンドを増やしていく**といいでしょう。オプションは、クライアントのニーズや時代の流れに合わせて追加していくと効率的だと思います。

・見せ方の優先順位を決める

サービスをいくつも取り揃えると、第三者から見ると、「ウェブの何でも屋」のように映ります。これでは、単に大手ウェブ屋の規模が小さいバージョンになって、あなたに依頼する理由がなくなってしまいます。

そこで、前述の「私はLPOコンサルタントです」でも書いたように、あなたの得意分野のフロントエンドとバックエンドを目玉商品として作り上げ、一番目立つように露出する必要があります。肩書きはもちろんですが、ウェブサイトや提案書に掲載する順番でもアピールしましょう。オプションについては、表向きには出さないという選択肢も考えられます。

・フロントエンドで儲けようとしない

業績が伸びてくると、客数の多いフロントエンドの料金を上げたくなる衝動に駆られます。「月額5000円のツールでは、100社集めたって50万円。1万円にすれば一気に100万円だ」というふうに。しかし、こういった安易な値上げは非常に危険です。**フロントエンドが集客装置として機能しなくなる**可能性があるからです。

それであれば、「お試しコンサルティング10万円」のように、単価の高いフロントエンドを追加したほうがいいでしょう。

フロントエンドはあくまでも初めてのお客様との接点です。この割り切りが肝心です。

●一点突破から全面展開へ

「フロントエンドで一点突破！」。バックエンドに結びつけたら、他のバックエンドやオプションメニューで「全面展開！」。これが理想形です。

たとえば、店舗型ビジネスのクライアントの場合、

「お試しコンサルティングで味見していただき、リスティング広告運用をスタート。その後、ウェブサイト改善も任せていただくと同時に、LPOツールを導入。軌道に乗ってきたら、Facebookページを制作し、『いいね！』数を増やすためにFacebook広告の運用もプラス。新機軸としてLINE@も勧める」

こんな展開ができると、単価をアップさせながら成果も出しやすくなります。

ビッグバンビジネスで「億」が見える

●「成果に応じた報酬を得る」ビジネス

ウェブ屋として着実に業績を伸ばしていくと、あることに気づきます。売上げに比例して、べらぼうに忙しくなるという現実が待ち構えているのです。

労働集約型ビジネスなので当然のことなのですが、残念ながらウェブ屋の多くは、「人数×1500万円」程度が年商の限界と言えるでしょう。宗教染みたやり方をしない限り、「人数×3000万円」が上限ではないでしょうか。

この限界を超えるためには、ジョイントビジネスや不労所得を増やしていくことが有効なのですが、もうひとつお勧めの収益モデルがあります。それが、ビッグバンビジネスです。

これは私が勝手に名づけたのですが、**同じ工数であっても売上げの上限をなくす、または大きく超えることができるサービス**。具体的には、**「成果報酬型モデル」**です。

わが社の場合、完全成果報酬型のリスティング広告運用サービスである「繁盛代行」がこれに当たります。「広告費を全額こちらが負担、必要に応じてウェブサイトも無償でブラッシュアップし、成果に応じた報酬をいただく」という内容です。

報酬額はクライアントのビジネスによって異なりますが、リスト獲得がゴールの場合は、1リスト3000～5000円。通販サイトは売上げの30～40％。サービス業は、都度見積り（年間売上げの35％程度）という数字を目安としています。

先方にとってみれば、「広告費も運用費もかからず、ローリスクでプロにウェブマーケティングを依頼できる」、わが社にとっては、「売上げの上限がない」のがメリットとなります。

赤字覚悟の案件もありますが、順調なケースでは、広告費のゆうに5倍以上の純利益が出ている（わが社にとって）、まさにビッグバンビジネスに成長しつつあるものもあります。

●ビッグバンビジネスの注意点

ただし、ハイリスク・ハイリターンの法則ではありませんが、商材選びや報酬額で失敗すると、大損することになるので、以下の点には十分注意してください。

・報酬額

わが社の目安はすでに書いた通りですが、たとえ同じ業種業態であっても、きちんと見積りをしましょう。重要なのは、**過去のウェブサイト経由の正確な売上データを開示してもらうことです**。経営者は自社を大きく見せたがるものなので、「月商500万円はある」といった言葉を鵜呑みにしてはいけません。30～100％増しで言っていることが多いですし、最盛期や繁忙期の売上げを申告する可能性もあります。

わが社の場合、マーケティング・リサーチと称して、今までのリスティング広告データやアクセス解析のデータを見せてもらうようにしています。

・双方の撤退条件

成果報酬型ビジネスでもっとも怖いのは、**売上げが安定してきた段階でいきなり解約されること**です。今まで磨きあげてきたウェブサイトやリスティング広告のアカウントが一瞬にしてパーになります。当初半年は赤字続きで、ようやく回収モードに入ったのに解約では目も当てられません。人間不信にも陥りかねません。

先方都合で解約する場合は3ヶ月または6ヶ月前の告知、こちら都合で解消する場合は1ヶ月前の告知とすることで、こうしたリスクはある程度回避できます。

言い方は悪いのですが、契約はいかに自社に都合よく作るかも重要になってくるもので、成果報酬型のような案件であればなおさらです。

・成果の測定方法

通販サイトやリスト獲得であれば、アクセス解析やリスティング広告画面でかなり正確に成果＝コンバージョンの測定ができます。

しかし、サービス業の場合は、電話による申し込みや問い合わせが多い業種もあり、実際にはたくさん申し込みがあっても、リスティング広告経由ではコンバージョンがゼロということもあり得ます。電話によるコンバージョンを測定するシステムもありますが、決して安くありません。また、リスティング広告やGoogle Analyticsで、電話発信を測定することもできますが、あくまでもスマートフォン経由での「発信」であり、普通の電話経由の発信や問い合わせ内容についてはわからないことも問題となります。

この対策としては三つの方法があります。

ひとつは、ウェブサイト経由のコンバージョンをすべて報酬対象として、**電話対応時に何を見ての申し込みかをヒアリングしてもらう**方法です。中告制になるので、クライアントとの信頼関係が大事になりますが、本音を言うとあまりお勧めしません。お金は怖いですから。

二つ目は**ウェブサイト用の電話番号を用意し、自社で受け付ける**方法です。取扱規模が小さく件数が少ないうちであれば有効な方法だと思います。このやり方を突き詰め、自社で**インバウンド**のコールセンターを持つことで、業績を伸ばしている会社もあります。

最後は、**コンバージョンの測定がむずかしい案件は取らない**という選択です。これが一番堅実な方法かと思います。

・最低広告費の設定

ケース・バイ・ケースですが、毎月の最低広告費を設定することもあります。成果報酬型

インバウンド（inbound）：外から中に入ってくること。外部から受信すること。

なのに、月に1000円しか広告費を出さないようでは、先方にとっては大きなチャンスロスに繋がるからです。

この場合、一律に「毎月30万円」といった決め方はリスクが大き過ぎます。売れていれば、どんどん広告費をかけてもいいのですが、シーズン需要で大幅にインプレッション数が変動するケースや、思ったより回収モードに入るまでに時間がかかるケースも見越して、「年間トータルでいくら使うので、おおむね月いくら程度かけます」といった具合に契約することを強くお勧めします。

成果報酬型によるビッグバンビジネスは、うまく回り出すと儲かるのは事実です。反面、ハイリスク・ハイリターンという諸刃の剣でもあるので、案件の見極めには十分注意した上で進めてください。とにかく2社分の利益を出さなければならないのですから。

ビッグバンビジネスの成果報酬型ならではのヒリヒリ感は、起業家として、ウェブ屋として、たまらない充実感があることはお約束します。

4章

小さなウェブ屋の営業方法とは？

独立したウェブ屋が
まず取りかからなくてはならないことは、
仕事を獲得して安定した収入を稼ぎ出す
道筋をつけることです。
私の経験から、実戦的な〝営業の方法〟を
ご紹介しましょう。

料金表のない商売なんて……

●成約率ゼロから100％に

私は正直、営業が苦手です。飛び込み営業やテレアポでガンガン成約していく同業者を見ていると、本当にすごいなと思います。独立当初は、「このままではいけない」と一念発起し、知り合いのつてを頼りに何社か訪問営業したのですが、成約はゼロ。しようがないので、地下1階のひと坪もないレンタルオフィスで、しこしこメルマガを書いたり、自社サイトを作っていたことを思い出します。

そんな中、前回と同じように知り合いの紹介で営業を再開したのですが、今度は面白いように受注できるようになりました。0％から一転、ほぼ100％の受注率になったのです。

その違いは、ずばり**明朗会計の料金表**の存在です。

もちろん、当初から簡易なサービス案内は用意しており、自分のプロフィールや思い、実績はそれなりにアピールできる内容だったのですが、料金については「別途お見積り」という曖昧なもので、目安すら書いていなかったのです。

いきなり185㎝の大男が現われて、しかも書籍も2冊書いているわけですから、おそらく、「べらぼうに高いんだろうな」という印象を与えてしまっていたのだと思います。料金表と言っても、非常にシンプルなものです。「ウェブサイト制作費50万円、保守・管理費3万円（当時）」とし、その中でこれだけのことをやります、ということが羅列してあるだけでした。この**シンプルさが功を奏した**ようです。

●適正価格はいくらか？

一般的なウェブサイト制作の見積りと言うと、

「ディレクション費用、トップページデザイン、サブページデザイン、トップページコーディング、サブページコーディング、フォーム設置、SEO内部対策、ドメイン取得、サーバー契約」

などを羅列したごった煮状態で、素人には難解そのものです。そこを簡素化させるだけで、受注率が劇的に改善したというわけです。

これが、いつでも誰にでも通じる方法というわけではありません。企業によっては詳細な内訳がないと契約できないというところもあるでしょう。

ただ、私が営業した先は、社員数名でいつもバタバタしている中小企業だったので、見積りすら不要なわかりやすい料金表が功を奏したのです。

考えてみると当然のことです。オープン価格となっているパソコンだって、売場に行けば価格が書いてあります。ただでさえ料金の基準がわかりにくいのがウェブサイト制作という仕事なのですから、**ほんの少しの工夫で受注率は劇的に上がる**ものです。

これはウェブサイト以外の業務にも同じことが言えますが、場合によっては、「『50万円から』と書いて幅を持たせる」「制作実績の欄にいくらで作ったのか明記する」「目安として3パターンくらいの見積り例を見せる」といった工夫も考えられます。

料金表も大切ですが、もっと大事なのはその中身です。

京セラの創業者である稲盛和夫氏は、「値決めは経営である。経営者が積極的であれば、積極的な価格になるし、慎重であれば、保守的な価格になる。値決めの目標は、お客様が喜んで買って下さる最高の価格を見出すことだ。値決め、それは経営者の能力と、経営哲学の反映だ」と言っています。

あなたがつき合いたいお客様にとっての適正価格はいくらなのか？

非常にむずかしい課題ですが、料金は不変である必要はありませんから、お客様の反応を見ながら、また自社の能力を見極めながらベストを目指していきましょう。

やっぱり、「リスト」が命なんです

●リストがあれば、キャンペーン展開も自由自在

商売でもっとも重要なもののひとつは、**見込客や既存客の「個人情報リスト」**です。名前やメールアドレス、電話番号といった基本的な情報から、通販サイトであれば購入履歴や最終購入日等、様々な情報が網羅されている貴重なデータです。

2007年に出版した私の処女作『1000人のマーケットで1億稼ぐ！』は、まさにこのリスト戦略がメインテーマでした。残念ながら絶版となってしまい、電子書籍版を買っていただくか、アマゾンやブックオフで中古を手に入れていただくしかないのですが、6年以上前から一貫して、「リストが命」ということをクライアントにも言い続けています。

今の時代、リストがあれば、いつでも好きなときに好きな回数、メールを送ることができます。住所がわかればDM（ダイレクトメール）、FAX番号がわかればFAX-DMを送ることができます。詳細な情報がわかれば、「ここ3ヶ月間購入していない東日本に住んでいる人向けにキャンペーンを展開する」といった施策も自由自在なわけです。

ビッグバンビジネスで紹介した成果報酬型のクライアントが、1リスト獲得で5000円

出せるのも、その後のバックエンドへの展開を読んでいるからに他なりません。

これはウェブ屋であっても同じことです。フロントエンドへの誘導として、そしてお客様の育成のために、**独立と同時にリスト獲得をスタート**してください。

●メルマガは最強のメディア

そのための手段として**もっともポピュラーなのは、やはりメルマガ**です。ウェブ屋はノウハウが商品でもありますから、まだあなたへの依頼を迷っている人を想像し、ほしがる情報を定期的に配信するのです。

「メルマガはもう読まれない」なんて言うのは、完全に都市伝説です。内容の質が高ければ、今でも**最強と言っていい、売上げを伸ばし、成約率を上げるメディア**なのです。

事実、わが社のクライアントで月商1億円以上の通販サイト2社は、いずれも、ほぼ毎日メルマガを配信し続けています。それだけの力があるのです。

以前は、「まぐまぐ」を代表とするメルマガ配信スタンドを利用するのが一般的でしたが、今であれば、**自社配信**を選びましょう。配信スタンドでは登録者の情報がわかりませんし、メールの本文や件名に名前の差し込みもできないのがその理由です。

いきなりメルマガを書けと言ってもむずかしいでしょうから、まずは同業や異業種のメルマガにいくつか登録して、形式や頻度、内容をチェックしてみてください。読者数の多いメルマガには、多い理由があることがわかるはずです。

●ウェブ屋のメルマガ

メルマガ配信のノウハウは、それこそ関連書籍がたくさんありますから、そちらをお読みいただくとして、独立後のウェブ屋として外せないポイントをご紹介します。

・あなたの名前で勝負する

これは、独立から数年は絶対に欠かせません。とくに、コンサルティング業務にチャレンジしようと思っている人は、**あなた自身が商品となる**ので、自分のキャラ設定を考えて言い回しや内容を決めていくといいでしょう。この段階で恥ずかしがるようでは、知り合い以外のクライアントをメルマガから増やすことはむずかしいと思ってください。

内容はウェブ関連だとしても、編集後記では日常生活を話題にすることで、親しみを持ってもらうこともできます。

あなたの印象を残すために、**決め文句や独自のフレーズ**も大事になってきます。

私は言い切りで終わる場合には、こんなフレーズを意図的に入れるようにしています。

「〜なのです（キッパリ）」

他にもいくつかあるので、気になる人は私のメルマガ、Twitterで確認してみてください。

・**あなたの考えをあなたの言葉で書く**

たとえば、自動車メーカーのメルマガであれば、新車の案内やキャンペーン情報を伝えればいいでしょう。ニュースサイトなら、その日のトピックスを羅列すれば目的をはたすことができるかもしれません。しかし、小さなウェブ屋としては、サービス案内やキャンペーン、業界の最新ニュースへのリンクを貼るだけではいけません。

繰り返しになりますが、あなた自身が商品なのですから、仮に業界ニュースを紹介するにしても、**自分はどう思っているかを伝える**必要があります。

たとえば、「LINEのユーザー数が5億人突破」という記事を紹介するにしても、「すごい数ですね」だけでは素人そのものです。

「国内ユーザーも5000万人を突破したので、ますます中小店舗向けのLINE@の導入が増えそうですね。多店舗展開している居酒屋さんなどでは、店舗毎にアカウントを開設しているようです。友達の数を競わせることで、スタッフにも活気が出そうですね」

といったように、**ウェブ屋ならではの視点で書く**工夫をしてみてください。

・**複数の入口を用意する**

メルマガの読者を増やす方策は、メルマガ登録フォームだけではありません。その旨、明記が必要ですが、ツールの無料トライアル利用者や問い合わせをしていただいた人にも読者になってもらいましょう。

リストを一気に増やしたいのであれば、リスティング広告も有効です。広告のリンク先が、「リスト獲得用のランディングページだとNG」という話が広まっていますが、そんなことはありません。真っ当なビジネスを展開しているのであれば、問題なく審査に通るので、チャレンジしてください。

リスト獲得から実際に受注をもらえるようになるまでには、それなりの時間がかかるのが当然です。ただし、リスト数が数百、数千、そしてそれ以上となったときには、そこまで登った人にしか見えない光景が広がります。

「そういえば……」と頭に浮かぶ存在を目指して

●日々情報を発信し続ける

リスト獲得からのメルマガ配信もそうですが、**「何か困ったときに思い出してもらえる存在になる」**というのも、情報発信の目的のひとつです。

ニーズが発生した際に、あなた（あなたの会社）を思い起こしてもらう「ブランド再生」を狙うのです。

面識がある人だけでなく、まだ会ったことがない人でも、情報を発信し続けることであなたという存在を知ってもらい、頭の中に残してもらうことで、いざ必要なときが来たら、あなたの名前が候補者の一人として挙がるようになります。

ソーシャルメディアが発達してくれたおかげで、小さな会社でも個人であっても、努力しだいで日々情報の発信ができ、ファンを増やすことができる時代になりました。これは本当にありがたいことです。ウェブ屋としては、こうしたメディアを利用しないという選択肢はないでしょう。

● ソーシャルメディアの選択

必ずやりたい	Facebook、メルマガ
できればやりたい	Twitter、ブログ
余力があればやりたい	Google＋、LinkedIn、mixi

● ソーシャルメディアとのつき合い方

ソーシャルメディアも群雄割拠ですが、現時点では上表を参考に選んでみてください。あえてメルマガ、ブログも加えています。

・Facebook

Facebook広告のエリア情報を見る限り、とくに都市圏のユーザーが多いようですが、国内ユーザー数は２２００万人を突破しています。むやみやたらに友達を増やす必要はありませんが、名刺交換した人とは積極的に友達になっておきましょう。

名刺交換後に勝手にメルマガ登録するのは嫌がられますが（オプトインならありだと思います）、Facebookであれば、よほど印象が悪い場合以外は喜んで友達になってもらえるはずです。

時間があれば、セミナー等のイベント開催時には、名前で検索し、会社名を確認した上で、前もって、「明日はよろし

く お願いします」といったメッセージとともに友達申請すると驚かれます。

注意点としては、クライアントの店舗等で何度もチェックインしたり、投稿に「いいね！」を押したりすると、守秘義務があるのに、「ここはうちのクライアントですよ」と公言しているようなものですから、程度を考えてコミュニケーションを図ってください。

Facebookはプライベート利用に制限したいという場合は、会社のFacebookページを作りましょう。Facebookページであれば、「いいね！」に上限はありませんから、Facebook広告で告知をしたり、ソーシャルプラグインを自社サイトに埋め込んで、複数のポイントから、「いいね！」を増やすことに努めてください。あまりにも「いいね！」が少ないままでは、ちょっとカッコ悪いですからね。

Facebookページからどんどん依頼が来るなどということは期待せず、あくまでも「何かあったときに思い出してもらえる存在」を目指すことが、楽しくFacebookとつき合うコツだと思います。

・**Twitter**

Facebookユーザーが伸びてきた反動で、Twitterをやらなくなった人が増えているようですが、それでもまだまだ影響力はあります。TwitterはFacebookよりさらにビジネスに向いていないと思われがちですが、やり方、考え方しだいです。ある程度知名度があれば、個人でもフォロワーが増えていくし、それがひとつの指標にもなるのでトライトライです。

わが社の場合、Twitterアカウントの代理運用もしていますが、**ブランド名や商品名をつぶやいてくれた人をフォローする**ようにしています。すると、「○○にフォローされたよ～」といった反応があって、それがまた拡散していくことも珍しくありません。

Facebookで投稿した内容の概要、新商品やキャンペーン情報、Q＆A等、つぶやくネタは意外に多くあるもの。「炎上」が怖いという理由で手をつけないのは、絶対に損です。

・Google＋（プラス）

AKB48ファンの巣窟のように思われていますが、Googleの積極的なプロモーションで少しずつ認知度は上がっています。

この記事の趣旨とは少し違いますが、Google＋の個人アカウントとウェブサイトを紐付けると、検索結果に顔写真が表示されるようになります。テキストだらけの検索結果にあなたの顔がパッと出るわけですから、クリック率アップは間違いなしです。ウェブ屋であれば、ぜひ押さえておいて損はありません。SEO対策に力を入れているクライアントにも、ぜひ利用を勧めてください。

ちなみに、LINE@は現時点ではリアル店舗向けのサービスなので、ウェブ屋が活用することはできません。残念なことです。

「プル型×先生型」で楽ちん営業

●どうやって先生というポジションにつくか

前にも言いましたが、私は営業が苦手です。営業マンとしての経験もなく、決して饒舌というわけでもないので（お酒を飲めば別ですが）、独立前から営業スタイルについては、「プル型×先生型」で行こうと決めていました。

プル型とは、読んで字のごとく、〝待ちの営業〟です。各種**ウェブメディアを使った情報発信により、お客様からのコンタクトを待つ**というスタイルです。別に、ウェブメディアに限ったことではなく、ＤＭやＦＡＸ‐ＤＭ、ポスティングや折込広告等によるアプローチもプル型の基本手法です。

プル型の反対はプッシュ型で、テレアポからの訪問や直接の飛び込み営業でガンガン顧客獲得していくスタイルです。ばりばりの営業系の企業にいた人が独立すると、そのスタイルを引き継いで、一気に顧客開拓をしていく例をいくつも知っています。

私の場合、プル型に先生型も取り入れています。この「先生型」という言葉は私の造語ですが、いわばお医者さんを目指すスタンスです。病院に行くとお医者さんのことを○○先生と呼ぶでしょう。患者側が足を運んでお金を支払っているのに、先生と呼ぶ。最近はセカンドオピニオンも浸透してきましたが、**先生に症状を聞き、先生に言われるままに治療を受け、薬を飲む**のが普通です。このポジションを目指そうというのが先生型営業の目標です。

もっとも取り組みやすい先生型は、**セミナー営業**です。見込客を会場に集め、あなたが講師となってセミナーを開催する。意図的に狙わなくても、講師は先生と呼ばれることが普通なので、すぐに先生というポジションにつくことができます。

● セミナーの開催の仕方

では、セミナーの開催に仕方について見てみましょう。

・参加費について

セミナーの参加費を決める要素としては、**「講演内容」「講演時間」「講師の知名度」「ターゲット」「同業の相場」**の5点がありますが、こうしなければならないという正解はありません。

慣れないうちは、2時間で3000円とか5000円くらいの低めの参加費で集客できるかどうか試してみてください。セミナーはあくまでもフロントエンドなので、それ自体で収益をあげるのではなく、**バックエンドへの導線**としての位置づけという意識でいましょう。

回数を重ねていき、リピーターが増えたり、ジョイントビジネスで複数名の講師陣を揃えたり、どうしても今すぐお金がほしいというときに、数万円の高額セミナーにチャレンジすればいいでしょう。

また、**最近注目され始めた新しいテーマ**であれば、最初から高額セミナーにトライしてもいいと思います。需要が多く、供給が少なければ、参加者が集まるのは必然です。日本でTwitterやFacebookが流行り始めたときも、自称コンサルタントが増殖して各々セミナー営業をしていたようです。

ただし、無料セミナーはお勧めしません。キャンセルの割合が高くなりますし、「どうせ無料だから」ということで、モチベーションの低い参加者が多くなりがちだからです。

やはり、自分の財布から1000円でも2000円でも出していると、気合が違います。1500円出して買った本はじっくり読むけれど、知人に借りた本は流し読みしてしまうのと同じ心理です。

・会場について

ウェブ業界だけでなく、セミナーは数多く開かれています。そのため、**人気のあるセミナー会場は数ヶ月前から予約しておかないと取れない**ことがあります。

料金は場所や広さ、設備によってピンからキリまであります。公共機関が管理している会場であれば数千円で借りることもできますが、高額セミナーや高所得者層をターゲットにしているのならば、会場も相応の場所を用意してください。

ターミナル駅だと土地勘のない人もわかりやすいのですが、会場費はどうしても高くなります。会場費を抑えたい場合は、ターミナル駅でなくてもかまいませんが、駅から遠いと迷う人も出てくるし、夏場では汗だくで会場入りという事態にもなるので要注意です。

・設備について

会場によって設備は様々です。ウェブ系のセミナーであれば、**マイク、プロジェクター、**は必須でしょうし、**ホワイトボードや演台**もあると便利です。公共機関では各設備が有料オプションということも珍しくありません。また、予約しないと使えないこともあるので、会場予約時に必ずチェックしておきましょう。

・集客について

セミナー営業の一番のネックは集客です。逆に集客さえできてしまえば、後は何とかなります。そのためにも、**日頃からリスト集めをしておく**ことが大切になってくるのです。

集客についてもいろいろな要素がありますが、参加費や会場よりも、**コンテンツがもっとも影響**してきます。一番集客しやすいテーマは、前にも書いたように、今、**注目されているもの**です。ウェブ業界は流行り廃りが速いので、情報発信だけでなく、ＩＴやウェブ系のニュースサイト等で常に情報収集に努めましょう。

ベストコンテンツはあなたの肩書きと直接関係のあるテーマです。私であればLPOがそうであるように、あなたが切り口として決めたもので勝負するのが王道です。

たとえ数名しか集客できなかったとしても、一度や二度であきらめてはいけません。同テーマのセミナーをこなし、講演内容をブラッシュアップしていくことで、リピートや口コミによる拡散も発生してきますし、「第○回」という実績が後押しとなる日がやって来ます。

・バックエンドについて

セミナー営業の最大の目的は、バックエンドに申し込んでもらうことです。いかに先生型と言っても、このときばかりはプッシュ型に転じてクロージングを狙います。

30人の参加者がいれば、20人は営業されることを嫌がりますが、それを気にしていてはいけません。講演内容がよければ、何名かは、「この先生に相談してみよう、お願いしてみよう」と思うはずです。最低でも、**5〜10%の受注**を狙っていきましょう。

セミナー営業の極意は、「鉄は熱いうちに打て」です。

バックエンドのチラシを用意し、**当日限定の注文特典をつける**くらいの意気込みでちょうどいいのです。それで反応が悪いようであれば、次回はセミナー終了後にその場で、**「相談会を設ける」「参加者限定で後日相談会を実施する」**といった施策を試し、あなたにとってのベストパターンを見つけ出してください。

著書という名の営業マン

●自分の実績の棚卸し

「先生型営業の最大の武器は著書である」と言っても過言ではありません。独立して自分の名前、肩書きで勝負するのであれば、著書の出版は目標のひとつとして、ぜひ掲げておきたいものです。

著書は実に強力な営業マンになってくれます。アマゾンや楽天ブックスといったオンライン書店はもちろん、全国の書店にあなたの名前の本が並ぶのですから。感想だけでなく、直接、問い合わせや依頼が来ることも珍しくないし、著書からセミナー参加、著書からメルマガ登録というステップを踏んでお客様になっていただけることもあります。

また、先生として依頼されるので、対等以上の立場で打ち合わせに臨むことができます。

他にも出版のメリットはあります。ビジネス書の場合、たいてい２００ページ超のボリュームになり、自分が今までやってきたことや考えていることを、洗いざらい棚卸しすることになります。そうしなくてはとてもその分量を書けないからです。

クライアントが自社のことが見えていないのと同じように、あなた自身もあなたのことがよくわかっていないことも多いものです。**出版を機に自分を見つめ直す**ことで、改めて自分という存在や価値をまとめることができます。

●営業ツールとしての書籍

書籍は使い方しだいで有力な営業ツールにもなります。

ウェブサイトのプロフィール欄、名刺、会社パンフレットや提案書等に本の写真を載せることで、ひと味違うアピールができます。相談に見えたお客様に、手土産代わりに1冊プレゼントしてもいいのです。著者になるとたいてい7掛け、8掛けで購入できるので、セミナー会場で売ったり、バックエンドの特典として活用することもできます。

あとはもちろん印税です。定価の8～10％が平均ですが、新人の場合、3％とか、酷いケースだとゼロという話も聞くので、なかなか確認しづらい内容ですが、早い段階で確認しておくといいでしょう。

細かいことを言えば、刷り部数に対しての印税か、実売部数に対しての印税かも重要になってきますが、これは出版社のスタンスなので、変更はできないと思ってください。

支払サイトは出版から2～6ヶ月後となるので、印税で会社のキャッシュフローを回そうなどと考えていると、あてが外れます。臨時ボーナス程度に考えておくといいでしょう。

●どうすれば本を出版できるか

では、どうやって出版にこぎつければいいのでしょうか？

企画書や原稿の見本を出版社に送るのが王道のように思われるかもしれませんが、これはもっとも効率が悪いやり方です。たいてい、そのまま放置されるのが現実のようです。

お金がかかってもいいなら、出版サポートを生業としている出版エージェントや出版コンサルタントに頼るのがひとつの手です。料金は数万円から百万円台と幅広いのが特徴です。しかし、高いだけでまともなサービスを提供していない業者もあるようなので要注意です。

今流の王道は、やはりあなたの**日頃の情報発信**です。編集者は常に著者を発掘しようと思っていますから、**ブログやメルマガ、ＳＮＳ**はかなりチェックしています。いい記事を継続的に投稿していれば、「この人なら、このテーマで書けそうだ」と判断してもらえ、声がかかることもあります。

●テーマをどう選ぶか

私の場合、この本の出版社でもある同文舘出版の方々と「東京ビジネス書出版会議」という会を2～3ヶ月に一度のペースで開催しています。出版を目指す経営者や個人事業主が編集者の前で直接、企画をプレゼンできるイベントです。

ボランティア的な位置づけなので、会費は1000円。様々な業種の人がまとめあげてきた企画は、業界事情を知るのにうってつけなので、私自身、コンサルティングの場で大いに役立てているというわけです。

この会は、東京だけでなく、宇都宮、埼玉、名古屋、大阪、京都、岡山と、全国各地の著者の方が主催しているので、興味のある人は近くの会場で参加してみてください。ちなみに、この本も出版会議で出版にこぎつけました。

出版のテーマはあなたの**肩書きと連動できるとベスト**です。そのほうが、確実に仕事に結びつくからです。売れ筋のテーマのほうが販売部数は伸びるかもしれませんが、あなたの本業に結びつかなかったり、あなたがやりたいこととズレてしまっていては、意味のある出版とは言えません。自著が売れるにこしたことはありませんが、**あなただから書けるテーマ**を貫いてほしいと思います。

私の『あの繁盛サイトも「LPO」で稼いでる!』は、とてもニッチなテーマですが、発売から2年経った今でも、コンスタントに読者から問い合わせが来ます。LPOをメインテーマにしたビジネス書がこれ1冊しかなく、誰も後を追って来ないのもラッキーと言えます。

営業の極意は〝鏡〟にあり？

お客様の理解度に合わせた営業

まれに、とてもウェブマーケティングにくわしい人から問い合わせをいただいたり、クライアントになってもらうこともありますが、大半の相手はウェブについては素人です。

ウェブ屋は毎日のようにパソコンにかじりついて、デザインをしたり、アクセス解析の画面を見つめたり、リスティング広告の管理画面を見ながら唸っています。そこではカタカナやアルファベットの専門用語が飛び交っています。それを仕事にしている私達には見慣れた画面、聞き慣れた言葉なのですが、一般の人はそうではありません。

ウェブについて素人の人に、あえて難解な専門用語を乱発し、見込客の脳内をこねくり回してクロージングへと持っていく会社もあるようですが、決して褒められたものではありません。

私が常日頃意識しているのは、**お客様の視点に立つ**ことです。

短い時間で**お客様の理解度を把握し、それに合わせて説明の仕方を変える**……小さな気遣いですが、これがコンサルティング業務の案件数を伸ばしている一因だと思っています。このスキルは一朝一夕で身につくものではないと思いますが、誰でもすぐにできる工夫もあります。

それは、〝鏡〟になることです。

たとえば、「ウェブサイト」という用語も、人によって言い方が違います。「ホームページ」「サイト」「HP」「ウェブ」「ページ」などと様々です。訪問時もそうですが、メールの返信時にも、**相手に合わせて使う用語を臨機応変に変えてあげてください。**

相手が「HP」と書いてきたら、こちらもHP。「フェイスブック」と書いてきたら、Facebookではなくフェイスブック。「画像」と書いてきたら、バナーやイメージではなく、画像といった具合です。

相手のストレスを少しでもなくしてあげることもサポートの一環であり、気遣いなのです。ただし、明らかに間違った用語の使い方をしているときは、教えてあげたほうがいいのは言うまでもありません。

● お客様とうまくコミュニケーションを取る

この業界、どうしても専門用語を使わざるを得ないこともあります。と言うか、仕組みや内容を説明しようとすると、ほとんど専門用語になってしまいます。そんなときは、口頭であっても簡単な説明を用語の前後につけてあげてください。

・サーバー

「ホームページのデータを置く」サーバー

・ドメイン

「何とかドットコムのように、ホームページの名前となる」ドメイン

・インプレッション数

「広告が表示された回数である」インプレッション数

・CPC

「クリック単価である」CPC

これくらいでイメージが湧くと思います。

見込客の中には、ウェブ屋はコミュニケーションを取るのが下手だという先入観を持っている人もいます。こういった**お客様のことを考えた小さな工夫の積み重ね**が、受注や口コミへと繋がることもあるのです。

営業代行会社を味方につけるためのポイント

●営業代行は期待できない？

情報発信を続けていると、見込客だけではなく、営業代行の会社からのコンタクトもポツポツと増えてきます。こちらのサービスを代わりに販売してくれる会社です。一人企業だと営業マンがいないので、営業代行会社はとてもありがたい存在です。私も1期目で売上げがカツカツだった頃、「やった！　これで売上アップできる！」と小躍りしました。

しかし、現実はそんなに甘いものではありませんでした。今までに数社の営業代行会社と契約を交わしましたが、実際に案件を紹介してもらったのは、たったの4社。そのうち2社については、今では電話すらない状況です。

営業代行会社にとってわが社のサービスは、**数ある商材のひとつに過ぎない**ので、よほど本腰を入れてもらえない限り、過大な期待をすると悲しい思いをします（もちろん、こちらの商品力の問題もあるのですが）。

さて、そんな中でも、今でも毎月のように案件をいただいている営業代行会社（広告代理店）があります。とくに北関東のマーケットに強く、全体の売上比率でも10％を超え、その割合は伸び続けています。

● 営業代行を依頼するときのポイント

きっとあなたにも、このようないい出会いがあると思いますが、営業代行会社に頼るときのポイントをご紹介しましょう。

・両社の役割を決める

わが社がこの営業代行会社に主にお願いしているのは、現在の主力であるリスティング広告運用とウェブサイト改善のセットサービスです。この会社は、「紹介した手数料として売上げの数％もらって終わり」というシステムではなく、日々のサポート業務や毎月の訪問に同行して、共同でクライアントの問題解決を図っているのです。

打ち合わせ時に用意する「リスティング広告レポート」と「ウェブサイト改善レポート」はわが社が準備し、営業代行会社は、「アクセス解析レポートを準備する」という役割分担もできています。

このような営業代行会社は稀かもしれませんが、紹介だけで終わるのか、終わらない場合は、両社の役割をどうするかを前もって明確にしておきましょう。

・定価で卸す

営業代行会社の中には、「営業コストがかからないのだから、受注数を増やすために料金を下げてくれ」という要望を言ってくるところがありますが、これはキッパリ断りましょう。**値下げ分に加え、インセンティブを支払うことになる**わけですから、利益を圧迫します。また、この会社を通したほうが安くなるなどという話が広まったら、たまったものではありません。「わが社は、あくまでも定価で卸すので、これに御社の利益を乗せてください」というスタンスを取っています。

サービス内容は同じなのに、不当に高くなると思われるかもしれませんが、先に書いたように、共に打ち合わせに参加しますし、営業代行会社にしても別のサービスを提供できるといった付加価値があるので、今まで問題になったことはありません。

・クロージングまで手を出さない

営業代行会社は「営業すること」が本業です。こちらもインセンティブを支払うわけですから、「川島さんが来てくれれば必ずクロージングできます」という同行の依頼に安易に乗ってはいけません。それでは、単なる引き合わせ業だからです。

営業用の資料作りに協力することはあっても、あくまで協力です。見込客への訪問のたびにこちらでカスタマイズした提案書を作っていたのでは、体が持ちません。

さすがに例外もありますが、このスタンスを基本として、営業代行会社の実績や受注確度も考慮して、柔軟に対応してみてはいかがでしょうか。

・支払サイトについて

支払サイトはキャッシュフロー改善の要です。どんなに売上げがあっても、支払サイトが長いと現金が足りず、支払うものも支払えないことになりかねません。

ウェブサイト制作においても、リリース後の支払いでは、受け取りが何ヶ月先になるかわかりません。そのためわが社では、ウェブサイト制作においては、契約月に全額お支払いしていただいています。ウェブサイト運用やコンサルティングにおいても、**当月末払いを基本**としています。どんなに遅くても、翌月末払いまでです。

営業代行会社の場合も、契約の際に支払サイトが極力短くなるよう交渉しましょう。

細かいことですが、契約月の日割り計算の有無も、自社のやり方を通す努力が必要です。とくにリスティング広告運用は、サービススタート（課金開始）を広告配信開始日にしてしまうと、お客様の希望や準備で配信が延びた場合、初回支払いが遅くなってしまうこともあります。広告開始前からアカウント開設やキーワード設定等、実作業をしているのですから、**契約月から料金をもらう**ようにすることをお勧めします。

・売上比率

多少、営業の敷居が高くなりますが、初期費用を別にもらってもいいでしょう。

先に、わが社の営業代行案件の売上比率が10％を超えたと書きましたが、私はこの数値にものすごく注意しています。営業代行会社だけではなく、直接取引においても、**1社の売上比率が高くなり過ぎるのは大きなリスクがある**からです。

たとえば、A社のストックが40万円、全体のストックが100万円とすると、40％の売上げをA社1社で占めることになります。そのA社の契約が終了すると、一気に売上げが下がってしまうことになります。その恐怖から、A社への対応が甘くなったり、無理な注文を嫌々受けたりしがちになることを怖れているのです。

営業代行会社の場合、複数の案件があっても、お金の出入りで考えると、一取引＝一クライアントとなります。ですから極端な話、その会社が潰れたら、一気に複数の案件が消えることも考えられます。

トータル売上げでも、適正な数値は変わってきますが、**1社の売上比率は最大20～30％までに抑える**よう頭に刷り込んでおくと、リスクを抑えることができます。

いろいろ注意点を書きましたが、優秀な営業代行会社は本当に心強い味方であり、パートナーとなります。いい出会いを引き寄せるためにも、情報発信を怠らないでください。

成約率を劇的に変えるサービス資料の作り方

●顧客を誘引する魅力的な資料

プル型×先生型営業がうまくいき、問い合わせが増えたとしても、それだけで安心してはいけません。きちんとクロージングして初めて売上げとなるからです。

「お試しコンサルティング」のような有料サービスでは、資料を作り込むのは当然ですが、相談ベースでクライアントに会うことになった場合も、せっかくの時間を無駄にしないためにも、資料をちょっと工夫することで成約率を劇的に上げることができます。

一般的にサービス資料は汎用性のある内容にすることが多いと思いますが、そこにひと捻り足してあげるのです。

わが社のリスティング広告運用サービスの資料は現在、以下のような構成になっています。

・リスティング広告とは？
・リスティング広告をお勧めする四つのポイント
・リスティング広告の必要性
・ディスプレイネットワークとは？

・リマーケティング広告の活用法
・各広告のポジション
・リスティング広告、成功の秘訣とは？
・「商売繁盛」が選ばれる六つの理由
・サービス内容と費用について
・オプションサービス

いかがでしょうか？　中には、ホームページでよく見かけるコンテンツのタイトルのようなものまであります。リスティング広告がどんなものかを教えるだけでなく、**「お勧めするポイント」「成功の秘訣」「選ばれる理由」といった発注の判断材料**となる内容を加えているのが特徴です。

相手がリスティング広告を熟知している場合はほとんど説明を省きますが、まったく知らない場合は、30分ほどのプチセミナーを開きます。

●お客様に合わせてカスタマイズする

実は、このサービス資料は、セミナー向けに作ったレジュメをカスタマイズしたものです。サービス資料のページ数は、表紙、背表紙を除いて11ページしかありません。これくらいなら、後日また読み返してみようと思うはずです。

内容は初心者でも「わかった感」を持ってもらえるように、マニアックな機能についてでは、ほとんど触れていません。これからリスティング広告をやってみようかという人に、「Analytics のリマーケティングリストを使えば、購入額に応じたリスト管理ができ……」などと書いても、混乱させてしまうだけです。

質問をいただく中で、細かいことに突っ込まざるを得ないこともありますが、あくまで口頭レベルで抑えるのも優しさというわけです。

いくつかのページには、**お客様に応じて「カスタマイズできる箇所」**を、以下のように意図的に作っています。

- **表紙**

　お客様の会社名を入れる

- **リスティング広告とは？**

　検索結果の画面を業種に合わせて変更する

- **リスティング広告の必要性**

　検索キーワードの欄を変更する

- **ディスプレイネットワークとは？**

配信ネットワーク（プレースメント）を関連サイトの画像に変更にする

お客様にしてみれば、「わざわざ自社のために作ってくれたんだ」という気になります。パーソナライズ資料と名づけたいほどです。

こういった工夫を随所に凝らすために、あえて大量印刷ではなく、PowerPointで作り、毎回カラー印刷するようにしています。印刷代も10ページほどであれば、そんなに高くつくわけではありません。

ちょっとしたサプライズで成約率は劇的に変わります。このひと手間でバックエンドが受注できるのであれば、やらない手はありません。

お客様の商品を自腹で買いなさい

●お客様の商品を自分で体験してみる

単発のコンサルティングや初回の打ち合わせ等でお客様の店舗に伺った際には、私はできるだけその店で商品を買うように心がけています。

単純に、お客様に喜んでいただけるという理由もありますが、**これから扱う商品がどんなものかを、自腹で買って確認してみる**のです。経費で落としてもいいのですが、あえて「領収書はいりません」と言うと、ちょっと驚かれたりもします。

商品を触ってみることで、現在のウェブサイトに出ていないよさや特徴がわかることもあるし、その逆のこともあります。

リアルに自分の手で触れることで、キャッチコピーを開発するときの参考にもなるし、説得力も増します。

自動車やリフォームのような高額商材のケースでは、さすがにやったことはないのですが、機会があれば……という気持ちはあります。

●ネットショップのチェックポイント

ネットショップの場合も同様です。お伺いした際に、梱包や同梱物についても聞くことは聞くのですが、**購入から顧客サポートまで一貫して自分でサービスを受けてみる**ことで、初めて気づくことは多いものです。

場合によっては、私が買ったと思われないよう、アルバイトに代わりに購入してもらうこともあります。

その際の主なチェックポイントは、

- **メール対応（注文確認メールや発送完了メール等）**
- **梱包**
- **同梱物**
- **発送までの期間**

すぐに商品を発送するのに、「発送まで7日ほどお待ちください」などというメールが届いたこともあるし、初めて通販に挑戦する会社で、発送までに2回もトラブルが発生したこともあります。

通販はとくに各種フォローメールが重要ですが、中身を確認するだけでなく、手動送信メールのタイミングもチェックできるわけです。

また、完全に**お客様視点で購入フォームやユーザー登録に改善点はないか**、チェックできます。「送料がいくらかかるか、カート内でわかりにくい」「購入完了画面がシンプルすぎて感動がない」。こんなポイントを視点を変えて見てみるのも大事です。

このようなチェックは意外と喜ばれます。フルフィルメントで別のコンサルタントがついている場合は問題ないことが多いのですが、そうでない場合、なかなか自社の問題点はわからないものです。

ネットショップの制作やリスティング広告で依頼を受けたときに、このような経験を積んでいくことで、あなた自身の幅が広がるし、コンサルタントとして活動するための大きな一歩になることは間違いありません。

サービス継続率をアップさせる「ちょっとした裏技」

●契約延長・リピート率をアップする工夫

新規顧客開拓は業績をアップさせるための重要な課題ですが、もっと大事なのは、**既存のお客様に契約を延長していただくことと、リピートしていただくこと**です。

どんなにプル型や先生型の営業や営業代行会社のおかげで、新規案件数を順調に伸ばすことができるようになっても、次から次に解約されたのでは、全体の売上げは伸び悩みます。また、リピートしてもらえれば、そこでの営業コストはゼロに近いわけですから、経営的にも楽になります。

では、どうしたら契約延長やリピートの確率を上げることができるのでしょう？　王道は、やはり**常日頃のサービスの充実**です。これは当然ですね。逆に、リピート率が悪いようであれば、何かしらサービス内容に問題があるということなので、改善していきましょう。

2年、3年と長く契約していると、業務内容によっては、あまりやることがなくなってきたり、毎月同じ作業だけで終わってしまうこともあります。そんなときは、**A社でうまくいった事例をB社に伝えてトライ**してみたり（もちろん、会社名は内緒です）、用語集やよくある質問といった**更新コンテンツを増やす**提案をしてみてください。

ツール系の契約を伸ばす方法としては、単純に**最低契約期間を伸ばす**という方法があります。ある程度分母が増えてくると、契約期間の平均値が見えてきます。その数字が利用規約でうたっている最低契約期間の2倍以上あるようでしたら、思い切って期間を延ばしてみましょう。

たとえば、最低契約期間が6ヶ月のツールで、平均14ヶ月利用していただいている場合は、12ヶ月に変更するといった具合です。ただし、最低契約期間を延ばすことで新規の契約率が下がってしまうことも考えられますから、慎重にやる必要があります。

●わが社の秘策

その他、わが社ではこんな工夫でリピート率を上げる工夫をしています。

・お客様限定のメルマガを配信する

無料メルマガでは教えない、ちょっと**密度の濃い内容や最新情報を「クライアント限定」と銘打って不定期に配信**しています。また、新サービスをリリース前に先行して伝えることで、特別感を演出することもできます。

・ウェブ以外の範囲でも訪問する

基本的にコンサルティング契約以外、初回以外の訪問は業務内容にうたっていませんが、ウェブサイト運用で比較的大きな更新があったり、ちょっと難解な質問をいただいた際は、多少遠くても訪問することがあります。

また、お客様が開催するイベントがあれば、スケジュールが許す限り参加するし（東京から福岡まで行ったこともあります）、ビラ配りのお手伝いをしたりと、ウェブ以外の範囲でも顔を見せることを心がけています。

こういった関係作りは大企業はあまり行なわないので、小さなアクションであっても、大きな差別化となるのです。

・競合商品のお土産を選ぶ

ゴールデンウィークや年末年始に旅行した際、また地方への出張の際、その土地のお土産を買う人は多いと思いますが、私は意図的に**競合商品を選ぶ**ようにしています。

「こんなスイーツがありましたよ」「こんな和菓子、知ってました？」と、一緒に食べながら商品開発の話をすると盛り上がります。

・「飲みニケーション」を楽しむ

ずばり「飲みニケーション」です。幸い私は人より多く飲めるし、お酒も大好きなので、お客様から誘われたら極力おつき合いするようにしています。また、飲みニケーションが好きなお客様との打ち合わせのときには、後のスケジュールを入れないことで、「今日はちょっと……」と断らなくてもすみます。

全国にクライアントが増えると、各地のお酒や名物料理を味わえるので、仕事がますます楽しみになります。

・今の時代だからこそ年賀状を

最近は年賀状ではなく、Facebookやメールで新年の挨拶をすることが増えているようですが、私はクライアントだけではなく、名刺交換して印象に残っている人には全員に年賀状を送るようにしています。

年賀状より目立ちたいということでしたら、クリスマスカードを送るのもいいかもしれません。また、お歳暮やお中元も今の時代だからこそ喜ばれるものです。

私の知り合いの行政書士に、秋口の寒くなった頃に毎年、入浴剤を送ってくださる方がいます。

何かあれば、こういった印象に残る人に相談してみようと思うのが人情というもの。あなたならではの目立ち方を考えてみてください。

ワンフレーズで相手の心を動かす

●クライアントに本音をぶつける

長くおつき合いしていただいているクライアントから、あるときこんな質問をされました。

「何で、川島くんを選んだかわかる?」

心の中では、「飲みのつき合いがいいからかな?」などと思ったのですが、そのときは、「何でですか?」と聞き返しました。すると、意外な答えが返ってきたのです。

「今までいろいろなコンサルタントに頼んできたけど、『**ホームページの○○の部分はいらないのでバッサリ削除しましょう**』なんて言ったのは君しかいなかったからだよ」

また、あるクライアントからは、こんなことを言われました。

「初めて会ったときに川島さんが言った、『**ギネスブックも狙えますよ**』という言葉が忘れられなくてね」

自分としては、そんなに重要なことを言ったつもりはなかったのですが、ワンフレーズの言葉が相手の心を動かしたのです。共通して言えるのは、どちらも**ストレートに本音をぶつけた**ということです。こんなことが重なり、本音で言うことを心がけるようになりました。

食品会社で試食させてもらえば、「うーん。あまりおいしくないですね」「他の商品と代わり映えしないので、通販向きではないですね」。通販サイトの打ち合わせでは、「目標**CPO**がクリアできて在庫もあるのに、何で広告費を増やせないんですか？」。

もちろん、本当にいいと思ったら、どこがよかったか、よくなったかを伝えます。

絶対に嫌なのは、**見え見えのお世辞やおためごかし**です。そんなものはすぐにバレてしまうし、結局、お客様のためになりません。お客様は褒めてもらいたくて仕事を依頼するのではなく、むしろ**問題点や課題を見つけて指摘してほしい**のです。

たとえ、それが契約前の営業段階であっても、本音を言えないようなら、何の意味もないのです。プロとしての存在価値がありません。

●お客様に決断してもらうひと言

こういったワンフレーズを意図的に口にするのは、あまりお勧めしないのですが、営業時に使えそうなものを、私の経験からいくつかご紹介します。

・「自分がお客さんだったら買いますか？」

第三者視点で自社サイトを見たり、商品を評価するのは本当にむずかしいですし、機会がなければやらないでしょう。そんなきっかけを与えるフレーズとして使ってみてください。

CPO（Cost Per Order）：1件の受注を獲得するのにかかった広告費用。

・「ひと言で説明してみてください」

自分の商材に惚れ込んでいる人ほど、「ここがすごい、こんなこだわりもある」と矢継ぎ早にしゃべってきます。ウェブサイトの表現もそんな感じで、訴求ポイントが絞れずバラバラなことが多いようです。キャッチコピーの開発にも繋がるワンフレーズです。

・「これ、本当に必要ですか？」

よく勉強している人や流行に敏感な人ほど、ウェブサイトにあれこれ詰め込んで、直帰率の高い作品に仕上がっています。そこで安易な施策だと気づいてもらうフレーズです。「いいね！ボタン、本当に必要ですか？」。

・「でしたら、私は不要ですね」

ウェブマーケティング施策をバッチリやってきたと自負している人は、こちらが何を提案しても、「それもやった」「あれもやった」となります。時間がもったいないと感じたときに使うフレーズです。こういうときはだいたい受注できます。

ちょっと偉そうなことを書いてしまいましたが、問題解決のためには、まず問題を認識してもらわないといけません。ストレートに課題と答えを教えてしまうよりも、ときにはちょっとした毒を交えて、気づいてもらうよう誘導するのも仕事というわけです。

5章 小さな会社ならではの仕事の流儀

一人企業のような小さな会社には
いい面と辛い面があります。
もっとレベルの高い仕事、もっと上の収入、
そして自分が成長するために
一人企業の経営者として
やっていくべきことを述べましょう。

クライアントのタイプ別対応術

「A型は几帳面で用心深い」といった血液型判断のように単純な話ではありませんが、クライアントも千差万別で、いろいろなタイプのところがあります。

そこで大勢のクライアントと接する中で、コミュニケーション能力や対応術に磨きをかけていく必要があるのですが、これでいいのだろうか？　と不安になることもあるでしょう。そんなときの指針として、この項の対応術を活用していただければと思います。

●ウェブマーケティングおたく系

通信販売等で、ウェブ中心に業績を伸ばしている中小企業は、**社長自身がウェブマーケティングに精通している**ことが多いようです。〝マーケティングおたく〟と言っていいほどの知識やノウハウを持った人も珍しくありません。

こうした相手は、依頼をいただいた時点から、こちらに何をしてほしいかを具体的に決めていることもあり、比較的スムーズに進行できます。ウェブマーケティングで売上げを伸ばすことが一筋縄ではいかないことを肌身で知っているので、冷静にデータを見ることもできます。

このタイプは、とにかく**最新情報に飢えている**ので、目新しい技術を使ったツールや新たな広告配信メディアを紹介し、取り入れると高い評価をしてもらえます。

また、打ち合わせ時には、数値データを元に話を進めることが求められるので、通常の解析よりも一歩踏み込んだネタを提供できるように準備しましょう。このタイプのクライアントが増えると、自分自身も大きく成長することができます。

●丸投げ系

とにかく、こちらに一から十までお任せというスタンスの人です。すべて任せてもらえるので、とくにウェブサイト制作においては非常に楽に進行でき、スタート当初はもっともストレスのないクライアントと言えます。

反面、結果にはとても敏感な人が多いようです。うまく成果が出ているときはいいのですが、思ったような成果が出ないと、仏の顔から一変することもあります。そんなときは、「Aさんは、どうしてだと思いますか?」と、あえて自分の分析内容を隠したまま質問をすることで、ウェブマーケティングに対して**当事者意識を持ってもらう**ようにしましょう。

●無茶振り系

常識の範疇を超えた業務量や成果を求めてくるタイプです。業務量については、**「料金の範囲内でできることを明確にしておく」**、成果については、**「目標値を決めておく」**ことで対応するのが理想ですが、それを超えて求めてくるが、このタイプの特徴です。

このタイプは業績が伸びているガツガツ系の社長が多いので、無茶振りをする反面、金払いがいいので、客単価アップを狙った提案もすんなり通るようです。仮にウェブサイト制作では割に合わなくても、**他のサービスとの合わせ技で利益を出す**ようにするといいでしょう。

それでも、無茶振りだとわかっている人は、一度信頼を得られれば長いおつき合いとなりますが、わかっていない場合は手に負えません。対応可能範囲の説明をしても理解してもらえない場合は、契約解除覚悟で、「これはちょっと無理ですね。別途お見積りさせていただいてもよろしいでしょうか？」と、少し突き放す駆け引きも大事になります。

● **連絡困難系**

何度電話しても、メールしても、Facebookでメッセージを送っても、なかなかリアクションをもらえないタイプです。単純に忙しいのが理由であれば、定期的に連絡を入れておき、進行の遅れの原因（責任）をこちら側に置かない工夫をしておきましょう。**常に先方にボールを渡しておく**イメージです。

残念ながら、こちらのサービス内容に不満があり、連絡がつかないといったことが発生することもあるでしょう。心当たりがあれば、すぐにその点を改善し、連絡を入れておくようにします。見当がつかない場合は、こまめに連絡を入れるしかないのですが、**最悪のケース**

（料金返還等）も頭の隅に入れてリスク管理をしておきます。

ウェブサイト制作案件での契約書上では、「一切返金はしない」とうたっていたとしても、現実として、返金せざるを得ないこともあるのです。

●超アナログ系

誰もがパソコンやスマートフォンを、自分のように使いこなしていると思ってはいけません。40代以上には、いまだアナログ派の人が意外に多いのです。

リスティング広告案件であれば、特段問題は発生しないのですが、ウェブサイト制作だと予想もしないことに対応しなければならないこともあります。

「手書きの原稿をＦＡＸで送ってくる」「写真をExcelに貼り付けて送ってくる」「手書き原稿を郵送で送ってくる」等です。

こうしたことは事前に感知し、「手書き原稿をデータ化する場合はいくら」とオプション料金を請求するか、原稿の入稿規定を作ることで回避できる問題ではあります。しかし、アナログ派は義理人情に厚い人が多いので、「こちらで入力しておきますね」と快く対応することで、その後いいおつき合いになることもあるので、**臨機応変に対応**したいものです。

●よいしょ系

とにかく、「川島先生、川島先生」とよいしょするタイプです。打ち合わせのたびに、よいしょしてもらえるので、「サービスに満足してもらえているんだな」と思うと、後々、痛い目を見ることもあるので要注意です。いい気になって少しでも対応が疎かになったり、売上げが落ち込んだりすると、**予告なく契約解除の通知が送られてくる**ことがあります。

このタイプの人は、**いかに心を開かせ、本音で話せるようになるか**がポイントとなります。打ち合わせ以外にもこまめに電話をしたり、私生活の話をしたりといった工夫をしてみましょう。ビジネスライクに偏った人が多いので、一筋縄ではいきませんが、とにかくサービスクオリティを確保することが重要です。

● オカルト系

経営者に意外に多いのがオカルト系の人です。社名や個人名の画数判断で発注を決めたり、誕生日で相性を占ったり、料金や実力以外の手の届かないポイントを重要視するのが特徴です。笑い話のようですが、年に1回はオカルト系の人からコンタクトがあります。

お隣の国、中国では、経営者は絶対に誕生日を教えないそうです。皆一様に「1月1日」にしておき、相性や運勢判断をさせないというのですから面白いものですね。

わが社の名称である「株式会社ココマッチー」も実は通称で、正式名称は「株式会社ココマッチ」なのです。それはあるとき、「12画の社名は最悪だよ」と言われ、最後を伸ばすようにした経緯を白状しておきます。

本当にフリーランスでいいんですか？

小さな会社の悲哀

私が独立当初から株式会社化し、埼玉の自宅から1時間かかる渋谷にオフィスを構えた理由はすでに書いた通りです。

独立した当時、私の武器は限られていました。サラリーマン時代に書籍を2冊書いたこと、自分一人でゼロベースでウェブサイトを構築できること。あとは経験だけです。

また、従業員数が10人にも満たない起業家の人達と数多く接していたことで、小さな会社のよし悪しもおぼろげながらわかっていました。

一人企業の場合、自分が決めた瞬間に行動に移すことができます。稟議を上げて上司の許可を取る必要がありません。笑い話のようですが、意思決定のスピード感が違います。

採算に合わないことでも、自分の気持ちひとつでやる、やらないを決めることができます。感覚的、感情的に、この会社とつき合いたいと思ったら実行できるし、この仕事は面白そうだと思ったら、すぐにGOサインが出せるのです。

ただし、独立して感じたことは、**本当の意味でのスピード感は小さな会社では出せないと**

いうことです。投下できる資金がないし、マンパワーにも限界があるから、やりたいこともできないし、広告等で一気に世間に知名度を高めることもできません。

引き合いがあって、面白そうだと思った仕事でも、決定直前に断わられます。

打ち合わせの帰り際、「何人でやられているんですか？」と聞かれ、「今はまだ一人です」と言ったとき、鼻で笑われ、それ以降、メールの返信もなくなる。

サービスの説明に伺って、ひと通り話が終わってから、先方から言われることは、「ありがとうございます。ただ、うちはある程度の会社としかつき合いがないんです」。

こういった屈辱的なことが重なることもありました。「ある程度の会社って何やねん！」と、広さひと坪のオフィスで涙を流したこともあります。

●労働集約型ビジネスの限界

小さな会社には自由もスピード感もあると思っていたのですが、信用というハードル、しかも会社の規模や売上げという、**人間性や実力とは関係ない点で判断されてしまう**こともあるのです。また、子ネズミのように小さなスケールでしかスピード感が出せない、それが現実として立ちはだかりました。

そんな状況の中で実践してきたのが、これまでに書いてきたような営業方法です。ターゲットを中小企業に絞り、自分の名前を売り出す方法。プラスあの手この手のビジネスモデル。これらを徹底することで、1期目はサラリーマンの年収ほどしかなかった売上げを、期ごとに倍々ゲームで伸ばすことに成功しました。

しかし、このやり方にも限界があります。必ず次の壁が立ちはだかります。労働集約型のビジネス、しかも自分一人を商品にしているということは、「単価×30日」という数式から逃れられないのです。ジョイントビジネスやビッグバンビジネスという例外はありますが、30日という時間は変えられないため、抜本的に売上げを伸ばすには、**単価アップという選択肢しかなくなる**のです。

単価をアップさせる方法として、「さらに知名度を上げる」「業種を特化して専門性を上げる」「圧倒的な実績を上げる」といった手が考えられますが、これも今まで取ってきた方法の延長線上でしかありません。いずれにしてもすぐに限界にぶち当たります。

● 起業家の収入はサラリーマンの半分?

小さな規模のままでも数千万を売り上げ、年収1000万円を超えることはむずかしくはありません。それで十分という考え方もあると思います。

ただ、公務員のように**その先が保証されているわけではない**のです。病気やケガで働けなくなったら、収入が激減するのが労働集約型ビジネスの宿命でもあります。

そこでたどり着くのが、**売上げを上げ続けなくてはならない**という答えです。そして、**自分がいなくても売上げが立つ仕組みや体制づくり**なのです。

話は戻りますが、サラリーマン時代に出会った起業家やフリーランスの人は、ごく一部を除き、正直あまり儲かっていませんでした。儲かっているふりをして、懐事情は大変そうな人が大半。当時は羽振りがよかったけれど、いつの間にか消えていった人もいます。

GEM調査という起業活動についての調査の結果をごぞんじですか？　日本の起業家の報酬は、雇われて働いている人の約半分だそうです。節税対策であえて収入をセーブしている人がいることを考慮しても、めちゃくちゃ稼いでいる人も一定数いるわけですから、現実がこの調査結果と大きく変わることはないでしょう。

●自分がいなくてもいい会社を目指す

最近では、「ノマド」という言葉が独り歩きしています。本来の意味とは違いますが、事務所を構えず、コワーキングスペース（協働のワークスペース）等で働くフリーランスがかっこいいスタイルということでもてはやされています。職種によってはノートパソコンとネット環境さえあれば、どこでも仕事ができる時代ですから、仕事さえあればやっていくことはできるでしょう。

しかし、あまりにも将来が不安定すぎます。起業したのに安定志向になれと言うわけではなく、そのスタイルでい続けることに危機感を持ってほしいのです。ノマドの本来の意味である「遊牧民」が、今の日本に来て生活できるわけがないのですから。

守るために攻める。起業すると安定などという言葉とは、いやおうなく疎遠になります。運と実力でひとつの壁を乗り越えても、次の壁が待っています。仮に、当初の目標である年収1000万円をクリアしたとしても、平穏な生活なんてやってきません。

もっとレベルの高い仕事、もっと上の収入、そして自分の成長。これらを欲する気持ちが次のステップに向かう力になりますし、また、そうでなくてはいけません。

おぼろげながらでも、50代、60代になった自分がフリーランスで活躍している姿が想像できるでしょうか？　それで上手くいく人もいるでしょうが、ほんの数％でしょう。スポットを浴びるのは、いつだって成功者だけだからです。

自分のために、自分がいなくてもいい会社を目指す。日常業務に追われる中でも、この意識を持ち続けてください。

これが今、私にできるアドバイスです。

新しもの好きでいこう！

● 常に情報を仕入れ、体験してみる

ＩＴやウェブ業界は次から次に、新しい商品やサービスが世に出てきます。何でもかんでも新しいものに飛びつくのはどうかと思いますが、**常にアンテナを張り、情報を吸収する姿勢は大事**です。私も毎日、10以上の情報サイトをチェックするようにしています。

もっと大切なことは、どんな情報を選ぶか？　ということです。中小企業をターゲットにしているのであれば、いかに高機能であっても、月間何百万円もかかるシステムの取次店になる必要はないでしょう。むしろ、月間数千円、数万円で利用できるマーケティングツールの情報を仕入れることに注力したいものです。そして、そういった**情報やツールをどうやって活用するかを常に考えるクセをつけ、自分でも使ってみる**ことが、もっとも肝心です。

あるクライアントに酷く怒られたことがあります。

「スマートフォン対応のサイトを作るのでアドバイスがほしい」と言われたとき、当時の私はまだガラケー（フィーチャーフォン）しか持っていませんでした。

スマホ対応サイトと言われても、よくわからなかったので、ネットでチョコチョコっと情

報を仕入れ、次の打ち合わせに臨んだのです。スマホを購入することもなく、専門書を読むこともなく、もちろんスマホ対応サイトを見ることもなく挑んでしまったのです。

そんな片手間で仕入れた情報などたかが知れていますから、すぐに底が割れてしまいました。そして、「そんな姿勢でコンサルなんて言えるのか?」と激しく叱られたのです。30分以上も。

当然、その時点でスマホ向けサイトは中断に至ったのです。

●日本に上陸したものはすべてチェック

あなたがコンサルティングをする、しないにかかわらず、やはり**最新情報を仕入れ、体験しておく**ことは、クライアントの信頼を得る鍵となります。

Facebook や Twitter にしても、「知っている」のと「やっている」のでは、アドバイスに差が出て当然です。

これから日本で流行るか、流行らないかの見極めも求められることですが、ウェブ屋である以上、**Google＋、LinkedIn、ピンタレスト**など、少なくとも**日本に上陸したものについては、自分の目と手で知っておきましょう。**クライアントが、伸びが期待できないものにお金や時間を投資するのは無駄ですが、ウェブ屋はそれが仕事でもあります。

●話題になるニュースやテレビ番組もチェック

新しもの好きでいてほしいのは、ITやウェブに限ったことではありません。

中小企業を相手にする場合は、社長と直接やり取りをすることが多くなります。打ち合わせに行った場合、最初の数分は世間話をすることもありますから、**話題のニュースや書籍、テレビ番組は要チェック**です。私の場合、ニュースや書籍だけでなく、ワンクールに一、二作は人気のドラマを見るようにしています。

また、**「がっちりマンデー!!」「情熱大陸」「ガイアの夜明け」「カンブリア宮殿」**といったビジネスや第一線で活躍している人物をテーマにした番組を見ている社長は意外に多いので、こちらもチェックしておきましょう。打ち合わせに行って、毎回ウェブの話ばかりするよりも、関係を深めることができます。

とくに、地方のお客様は情報を求めています。いつものレポートに加えて、気になった雑誌記事やウェブサイトの情報をコピーして持っていくだけでも、喜んでもらえます。

クリエイティブ集中デーを確保せよ

●タイムスケジュール管理の重要性

クライアント数が増えてくると、外出や出張も増えてきます。ときには、平日はずっと出ずっぱりといったこともあるでしょう。

そうなると困るのが、制作やデザインをこなす時間の確保です。コンサルティングが入ってくるとなおさらです。制作が滞ってしまったり、手抜き作業が発生する事態を避けるためにも、**自身のタイムスケジュールの管理がとても重要**になってきます。

ときには始発出社、終電帰宅が続いたり、徹夜作業が発生するのは、この仕事であれば仕方がないことですが、体を壊しては元も子もありません。可能な限りゆとりを持ってクリエイティブに打ち込める時間がほしいものです。

私の場合、現在は制作のほとんどをスタッフに任せていますが、リスティング広告の運用や新規アカウントの構築等には、かなりの工数が必要となってきます。また、昔からのクライアントの一部は今でも自分で制作をこなしているものもあります。本当は手を離したいのですが、この仕事が好きなので、全部任せてしまうのは、もう少し先になりそうです。

● 私の時間を生み出す技術

私の時間の確保の方法はとてもシンプルです。少なくとも**週に2日間は一切外出しない日を作る**ようにしています。外出すると、たとえ2時間の打ち合わせでも、前後の移動時間を含めると最低4時間は確保しなければなりません。各種の予定は極力同じ日に詰め込むようにして、クリエイティブ集中デーの2日間を死守するようにしています。

それでも足りなければ、**土日出勤**です。土日は電話もほとんど鳴りませんし、社内にも自分一人しかいないので、じっくり仕事に取り組めます。

他にも、24時間を有効活用するために行なっていることがあります。朝から出張の場合、始発に近い電車で現地に向かい、喫茶店で仕事をしています。頻繁に行くエリアでは、電源を使わせてくれる店を探し出し、常連になると便利です。

また、約束の何時間も前に行くことになるので、遅刻も避けられます。新幹線が止まっても、普通電車で間に合ってクライアントに驚かれたこともあります。打ち合わせと打ち合わせの間が空いてしまったときも、喫茶店に飛び込むのですが、最近は電源が使える喫茶店を簡単にネットで調べられるので、ありがたいことです。

スタッフはもちろん、外注をうまく使うことで、他の人にでもできる仕事はどんどん振っていきましょう。**自分にしかできないことだけに仕事を絞り込んでいく**ことも、ビジネスを大きくするための秘訣です。

●作業効率をアップさせる方法

時間の確保には、作業の効率化も欠かせません。私は2年ごとにパソコンを買い換えて、処理速度の速いパソコンにしています。パソコンは一番重要な商売道具なので、ここはケチらないほうがいいでしょう。また、ノートパソコンひとつであらゆる作業をこなしている人も多いのですが、マシンパワーはデスクトップのほうが優勢ですし、速いノートパソコンは重さやサイズの面で携帯性が低いので、私は会社ではばかでかいケースのデスクトップパソコンを使い、持ち運び用はMacBook Air（重量約1kg）です。

クラウドの活用も大きな効率アップに繋がります。Gmailを使えば、スマホでもメールチェックできるし、家のパソコンでも同じ状態で利用可能です。

Dropboxのようなストレージサービスを使えば、会社、家、ノート、スマホとあらゆるデバイスでデータ共有できるので、わざわざデータを送受信することもありません。2年に1度のパソコン買い替えのときも移行が楽に終わります。

労働集約型ビジネスは時間を切り売りしているようなものです。1時間1時間を大切に使うことで、**実質的な時間単価をアップしていく**という考えを持ってください。

通勤時間に徹底インプット

●インプットなくしてアウトプットなし

日々の情報収集はこの仕事には欠かせませんが、そのために時間を確保するのはむずかしいのも現実です。ニュースサイトを見るくらいなら、ウェブサイトの制作を進めたいと思うのが普通でしょう。この忙しい中、何時間もかけて本を読む時間なんてないという気持ちもわかります。

ですが、クリエイティブデーの確保と同じくらい、**インプット時間の確保も大切**なのです。インプットなしでは、アウトプットできませんから、そこを怠ってしまっては、様々なクライアントとのやり取りが貧相なままで終わってしまいます。

私はこうした点も見込んで、あえて通勤時間を1時間取っています。

「せっかく独立したんだから、もっと近くで仕事をすればいいのに」とよく言われますが、私は意志が弱い人間なので、強引にでも時間を作らないと、仕事三昧の毎日を過ごしてしまうことがわかっていたのです。

●継続的なインプットの時間を作る

通勤の往復2時間あれば、今風のビジネス書なら1冊読み終えてしまいます。

「ビジネス書を読まない人は上に行けない」などと考えているビジネス書信者ではありませんが、各分野で活躍している著者が、その**知識やノウハウを詰め込んだ200ページの書籍**から学べることは、たくさんあります。キャッチーな見出しも多いので、**コピーライティングの勉強**にもなります。

最近は地下鉄でもネットが繋がるので、ニュースサイトをチェックできますし、調べものに困ることもありません。車内で目に入る吊り広告やテレビ広告も、情報収集になります。

何も知らない状態からサッカーマニアの話についていくことはできません。1日2日では、膨大な知識が身につくはずもありませんし、事務所に閉じこもっていては、時代の流れやそのときの空気感を感じることもできません。

情報は線や面で捉えることが大切なのです。そしてそれを知るには、**継続的なインプットが欠かせない**というわけです。

やらないことなんか先に決めるな！

●「お客様の要望」でのサービス

ウェブ・デザイナーというタイトルを見てこの本を手に取ったのに、ツールを売れ、コンサルティングもやれ、リスティング広告まで手を広げろなんて、無茶な話だと思う人もいるかもしれません。

私も独立前は、ウェブ・デザイナーとして食べていこうと思っていましたが、自分の武器と切り口を作るためにツール開発をしたのです。それ以降の展開なんて、何も考えていませんでした。それで十分だと思っていたからです。まさか、リスティング広告とウェブサイト改善にコンサルティングを絡めたサービスが主力になるなんて、当時の私は思いもしていませんでした。

では、どうしてそのようなサービスが主体になったのかと言うと、すべて**お客様側からの要望に応えて**の結果なのです。コンサルティングは著書の読者からの、「コンサルティングをお願いしたいのですが」という一本の電話から。リスティング広告運用は、既存のクライアントの、「川島くん、リスティング広告もできるの？」という質問から。ＳＥＯ対策は、「せっかくウェブサイトを作ったので、もっと順位を上げたいのです」というご要望……これらの需要に単純に応えただけなのです。

お客様のお金でスキルが上がる

普通の感覚だと、やったこともないサービスを仕事にするなんて詐欺じゃないか？　となるかもしれませんが、私は毎回「やります」と即答してきました。さすがに、「居酒屋経営できる？」と聞かれても断りますが、**ウェブという範疇内の仕事であれば、今でも、「やります」「できます」と答える**ようにしています。

目の前に落ちている仕事ですから、営業コストはゼロです。それ以上に、全力で取り組んでノウハウが貯まれば、それを実績としてサービス展開できるという点が大事です。

ゼロスタートではなく、すでに**需要が発生している**ということは、その後も一定数以上の受注が見込めます。

初めて、お金をいただきながら、月間何百万円という広告費を運用したときは、夜も寝つけず、胃がキリキリしたことを今でも思い出します。それが今では主力サービスとなるまでに成長しました。責任は重大ですが、お客様の広告費を使いながら、自分のスキルを高められるのですから、幸せな仕事だと思っています。

●今の仕事も必ず衰退期がやってくる

独立した際には、ぜひ、「断らない力」を身につけてほしいと思います。どんなプロフェッショナルも最初は初心者です。F1ドライバーだって、最初は免許を取るために教習所に習いに行ったのです。

根拠のない「できます」から始まり、クライアントの要望に応えるために、全力で取り組む。ある意味、**お客様に育ててもらうのが、この仕事の面白さ**でもあります。

あなたの枠を広げるためにも、売上げを伸ばし続けるためにも、新サービスの開発は欠かせません。今、需要があったとしても、必ず衰退期がやってきます。**常に新しい命を吹き込み続ける**ことが、ウェブ屋には求められているのです。

現在主力のリスティング広告運用にしても、これからどうなるかわかりません。ポートフォリオ型（自動運用）のリスティング広告入札ツールが日本でも普及してくれば、リスティング広告のプレーヤーの需要は減ってくるでしょうし、求められるスキルも変わってきます。広告サービス提供側のGoogleにしても、最近は中小企業のサポートに注力してきましたし、自動入札管理の機能も少しずつパワーアップしているのです。

大まかな時代の流れを知るためにも、やはり日々のニュースを追いかけることが重要になっているのです。

「口コミや紹介で仕事を取る」たったひとつの方法

●一番の近道は仕事で成果を出すこと

口コミや紹介で仕事が来るようになると、業績は必ず上がります。他の営業で受けた業務に加えて、自然発生的に案件が増えるのですから。

しかし、あなたからいきなりクライアントに、「ウェブで困っている会社があったら紹介してください」と言うのは、押しつけがましいですよね。

美容室や保険会社のように、「紹介カード」を配ってもいいのですが、本当にあなたの仕事に満足してくれているクライアントなら、そんなことをしなくても紹介してくれるはずです。ましてや、「紹介いただけましたら、20％バックします」などということをわざわざ伝えまわる必要などありません。

口コミで仕事が来るようになるもっとも近道は、**仕事で成果を出す**ことです。「あなたが作ったウェブサイトで受注が増えた」「リスティング広告で昨対２００％を記録した」。そんなクライアントに満足してもらえる結果が出せれば、自ずと紹介案件は増えるし、「ウェブサイトがすごくよくなったけど、どこに依頼してるの？」と、聞かれることもあるそうです。

きわめて正当な結論で恐縮ですが、**ウェブ屋の任務は企業の業績を上げること**ですから当然の流れなのです。

●チャンスを潰すあなたの態度

一方で、どんなに業績を上げても、「普通のこと」ができない人は、クライアントを紹介してもらえるチャンスはないと思ってください。

・打ち合わせ時間に毎回のように遅刻する

人として当然のことができなければ、信頼を得ることはできません。携帯電話で、「すみません、5分ほど遅れます」と手軽に連絡できるようになり、遅刻を悪いことだと思わない人が増えているようです。遅刻は相手の時間を潰すことです。

・期限を守らない

納期があるのが仕事です。ウェブサイト制作の納期が延びるということは、みすみす売上げを捨てているようなものです。単に作品を作っているのではなく、クライアントの売上アップのために作っているのだという感覚を持たなければなりません。

・ごまかす

何かトラブルが発生したときは、嘘偽りなく原因を特定し、それを報告してください。ときには、どうしても隠さなくてはいけない事態が発生することもあるでしょう。理想論だけでは、会社はやっていけないこともあります。それでも、最高の形でトラブルを解決する努力をしてください

・契約書や秘密保持契約（NDA）、請求書等

どんなに小さくても、あなた一人しかいなくても会社は会社です。クライアントとの契約時には契約書を取り交わし、料金の請求書はきちんと発送しましょう。

ただ、ときには柔軟な対応も経費削減には必要です。メールベースの請求書や添付ファイルですむようであればそれでOKですし、必ずしもその都度、発注書や受注書を出さなくてもいいと思います。

しかし、オリジナルの封筒を用意したり、送付状や返信用封筒を入れるといった、総務部にいた経験でもなければなかなか身につかないようなことも、独立後は求められます。

小さな会社だからという言い訳は通じないのがビジネスの世界です。むしろ小さな会社だからこそ、当たり前のことを当たり前にこなし、信頼を得なければならないのです。

NDA：Non-Disclosure Agreementの略。

クライアントは十人十色

国ごとに文化や習慣が異なるように、クライアントもまた、一社として同じ会社はありません。そこで、会社によって様々な点で柔軟な対応が必要になりますが、予備知識として対応の仕方をいくつかご紹介しておきます。

●便利な連絡手段のいろいろ

昔は連絡手段というと電話やメールが一般的でしたが、今ではいろいろな選択肢があります。メールとはひと味違う利便性があるものもあるので、ぜひ活用してみましょう。

グループウェアの**「サイボウズLIVE」**は、ToDoごとにスレッド管理でき、進捗状況もステータス欄で「未着手」「対応中」「完了」等で瞬時に判断できるので、依頼件数が多いクライアントとのスケジュール管理に向いています。

「チャットワーク」は、グループ単位でチャットできるツールです。チャットと言っても、ファイル添付もできるので、一般的なやり取りで困ることは、ほとんどありません。多数対多数で一気に情報共有したい場合にとくに便利です。

ビジネス用途ではあまり使わないと思われがちですが、**「LINE」**のグループ機能もときに活用できます。スマートフォンで外出先でも気軽に使えるし、既読かどうかわかるのも便利です。また無料通話もできるので、コスト節約にもひと役買います。

三つほど便利なツールをご紹介しましたが、「クライアントのタイプ別対応術」にも書いたように、ITリテラシーがあまり高くない会社もあります。サイボウズLIVEに招待しても、結局メールで返信してくるところもあります。無理やり新しいものを取り入れてもらうのは、先方のストレスにもなるし、むずかしい点もあるので、こちらが相手に歩み寄るほうが無難です。

また、「電話が一番」という文化で育ってきた人は、何でもかんでも電話ですませようと考えるかもしれませんが、一日に何度も電話をするのは絶対にNGです。電話は相手の時間を無理やり止めることになるからです。社長は皆忙しいので、相手にもよりますが、緊急な用件以外は他の手段ですませることも思いやりです。

私は初回打ち合わせ時に、**メインとする連絡手段の要望を聞く**ようにしています。

●データの送受信の方法

データの送受信の仕方も、会社の文化によって様々です。

私も愛用しているGmailの場合、添付ファイルのサイズ上限は25MBです。それを超える場合は、無料のオンラインストレージサービス「fire storage」を使って送信するか、Dropboxの共有フォルダ機能を使ってデータを送っています。

先方がまだ昔ながらのメールサービスを使っている場合、25MBものメールを送ると、受信しきれずにメールが戻ってくることもあります。「何MB以上の場合は他の手段を取る」という明確な基準はありませんが、10MBを超えるようであれば要検討です。

●クライアントの「こだわり」に対応する

ウェブサイト制作のこだわりも十人十色です。完全お任せパターンという場合もあれば、写真1枚1枚、画像1個1個、何度もチェックしなくては気がすまない担当者もいます。

その都度、チェックと修正を繰り返すと、納期に影響が生じることもあるので、危ないと思ったら、「いったん提案書通りに作りますので、チェックは最後にまとめてお願いします」と、やんわり伝えることも対応のひとつの方法です。

すべての事項をがんじがらめに決めてしまってもいいのですが、ある程度の**遊びを作ってあげる**ことで、クライアントの満足度を上げることもできます。

単価アップの時期とコツ

●規模の拡大に伴って値上げする

スタッフを増やすなど、会社の規模を大きくするということは、固定費が増えるということです。ウェブ屋の場合、家賃と人件費以外、あまり固定費はかかりませんが、それでも規模を拡大する場合には、それに比例した売上アップを考えなくてはなりません。

人数を増やすことで、売上げも正比例すればいいのですが、現実にはなかなか厳しいものがあります。実力的には即戦力であっても、その人が入社早々、顧客を増やせるわけではないし、一人企業ならではの料金でやってきた場合はなおさらです。

最初から会社の規模拡大を視野に入れて単価を決めておくのもいいのですが、そうすると営業が辛くなります。そのため、拡大を考え始めた頃から、**少しずつ単価を上げたり、高単価サービスを始める**ことをお勧めします。

「値下げは簡単にできるが、値上げはむずかしい」というのが一般論です。

商品の場合は、こうした一般論が当てはまるでしょうが、ウェブ屋の場合は、**実力に連動させた単価アップ**は決して無理ではありません。既存客も併せて値上げするパターンもありますが、客離れが生じる可能性もあるので、基本的には新規顧客だけにしておきます。また、値上げの際には、前もって値上げ時期と新料金を掲載しておきましょう。

●料金が上がるにつれてクライアントも大きくなる

値上げは規模拡大のときだけではなく、**ストックが目標額に達した時期**でもいいでしょう。たとえば、「ストックで月100万円を達成したので、コンサルティングフィーを月5万円から10万円にする」といったことです。一見、無茶な値上げに思えるかもしれませんが、ストックが増えるということは、あなたの実力もついてきたということです。自信を持って、次のステップに踏み込んでみてはどうでしょうか。

ウェブサイトやサービス資料の料金表に、「2013年4月1日現在」と記載しておくことで、値上げ直後に依頼が来た際にも、「現在はいくらでやっています」と言えます。また、**見積りには必ず期限を書いておく**ことで、値上げ後にも対応できます。

単価アップは悪いことではありません。むしろ値上げしていくことで、**少しずつクライアントの規模も大きくなっていく**のに気づくことになるでしょう。今までのクライアントに感謝しつつステップアップし、新たな知識やノウハウで還元できるよう、あなたが成長していけばいいのです。

外注するメリット・デメリット

●安くて融通がきくメリット

ウェブ屋にとって、外注先として案件を受けてくれる会社やフリーランスは頼りになります。フリーランスは、企業に依頼するより安い料金で融通がきくので、味方につけることで受注件数を増やすことができます。

それも自社の人材では扱えない技術を持った人や、スピード対応ができる人は本当にありがたい存在です。

外注先への依頼方法ですが、知り合い以外であれば、マッチングサイトを使うといいでしょう。**「楽天ビジネス」**やウェブ系に特化した**「さぶみっと」**等が有名どころですが、他にもいろいろなサービスが立ち上がっています。

わが社は主に楽天ビジネスを使っていますが、案件の概要を送信すると、内容にもよりますが、わずか1時間で何人ものフリーランスや企業から手が挙がります。初めて使ったときは、きっと驚くことでしょう。

その中から、気になる人をチョイスして連絡するわけですが、やはり一度は直接、会っておくべきです。依頼したのに、納期ギリギリになってギブアップされると困るし、なかなかメールの返信がない人もいます。信用できる人かどうか、自分の目でたしかめてください。

逆に**営業手段として、これらのサイトに登録する**のもひとつの方法です。

わが社もそうですが、必ずしも値段だけで外注先を決めるわけではありません。想定内の料金であれば、実績を見て決めることが多いので、あなたも公開可能な実績を用意しておくといいでしょう。

● 外注するときの注意点

一方、外注のデメリットもあります。

ひとつは依頼するときの仕様書です。案件しだいですが、簡単なウェブサイトやブログの構築なのに、大袈裟な仕様書や細かい指定を求める人は、なかなかの困りものです。「そんなものをまとめるヒマがあるなら、自社でやったほうが速い」。そんなこともあるでしょう。ある程度は**自分の判断でやれる自主性のある人**を見つけましょう。

フリーランスの人だと、病気や事故等、やむを得ない理由で納期に間に合わなくなるリスクもあります。そういったときにも慌てずにすむよう、あらゆる事態を想定しておくのも仕事です。

デザインを依頼するときは、必ず**相手のセンスがこちらに合うかどうか**を事前に確認しておきます。融通性のあるデザイナーでないと、自分のデザインへのこだわりを押し通すこともあるので要注意です。

ただ、いかにこちらが発注元だとしても、あくまでも**対等なおつき合いをする**ことを心がけてください。優秀な人との出会いが、あなたのビジネスを加速させることは間違いありません。

あえて「エア行列」を演出する

本音では、こんなことまで書きたくなかったのですが、これから独立する人で、とくに自分を商品化してやっていくのであれば、ぜひ体得してほしい技があります。それが、「エア行列」です。

ひと言で言ってしまうと、「ヒマでも忙しいふりをする」「儲かっていなくても、儲かっているふりをする」という作戦です。

見込客にしてみれば、ヒマそうなコンサルタントや儲かってなさそうなウェブ屋になんて自社ビジネスの手伝いをしてほしいわけがありませんから、見栄でもいいので、忙しくて儲かっているフリをするわけです（念のために付記しておくと、私は、今は本当に忙しい毎日を過ごしています）。

●スケジュール調整のテクニック

スケジュール調整はエア行列一番の見せ場です。電話の場合、「スケジュールを確認してみますので、ちょっとお待ちください」と保留にし、20秒くらい経ってから、「あ、その日なら14時以降なら空いてます」。

メールの場合は、候補日を三つほど提示して、「4月11日（月）15時〜17時、4月15日（金）12時〜16時、4月18日（月）午前」のように、**時間を狭めて設定して送る**と効果的です。

対面では、長めにスケジュールを確認するだけでなく、Googleカレンダーを開くとき、お互いの位置によっては横からチラリと見えてしまう可能性も捨て切れませんから、1ヶ月先くらいまでエアイベントをあらかじめ仕込んでおくのです。

●クロージングしない

今までの話と矛盾するようですが、私は、セミナー営業以外ではっきりクロージングすることはありません。

たとえば、サービス資料の説明が終わった後、私は黙り込みます。相手が口を開くまで、ずっと待ち続けます。たいていの場合、「では、川島先生にお願いします」か、「では、後日ご連絡させていただきます」のどちらかの返答になりますが、後者であっても、「はいわかりました。よろしくお願いします」程度にとどめます。

「がんばりますので、ぜひともご依頼ください」など、**契約をほしがる素振りはしない**ように心がけています。

無理に「お願いクロージング」をすると、立場が対等ではなくなり、契約後に無茶な要求をされるといったことに繋がる確率が高まります。

●値引きしない

これはエア行列に限ったことでなく、ウェブ屋であれば必要な姿勢なのですが、たとえお客様に要求されても、「値引きはしていません」「他のお客様にも、この料金でお願いしています」とキッパリ断ります。**「御社の契約がなくても大丈夫です」**と暗に伝えるわけです。

基本的に、値引きに応じるのは、複数の契約を一気にしていただくケースや、何年もおつき合いしていただいているお得意様だけにしたほうがいいでしょう。

●混雑ぶりを情報発信

これは少し金銭的に余裕があるときにしかできない技ですが、メルマガやブログで、「進行中の案件が増えましたので、4月末まで新規案件のお申し込みを停止します」と、制限をかけるのです。

期間はだいたい、1ヶ月〜1ヶ月半先くらいに設定するといいと思います。こうすると、「5月以降で結構です」という引き合いが意外に来ます。

6章 私の起業失敗談あれこれ

特定のクライアントもないまま
乏しい資金で起業してから現在までに
自分がいかにお人好しでマヌケだったか、
思い知らされる出来事にたびたび遭いました。
みなさんがそんな目に遭わないよう
私の苦い体験をお話ししましょう。

「貧乏金なし&暇なし」の悪循環

●小躍りするチャンスがやってきた

独立後、売上げも懐も寂しかった頃の話です。最初の頃は知り合いからの制作案件が数件あったのですが、その後のスケジュールは閑古鳥が鳴いていました。制作に没頭しながらも、「このままでは半年で資金が底をついてしまうなぁ」と悩みながらも、たいした営業活動もせず、何をしたらいいのかわからない日々を過ごしていました。

そんなある日、とあるイベントで知り合った人から一本の連絡が入りました。

「川島さんに紹介したい人がいるんだけど、忙しいですか？」

喉から手が出るほどほしかった新規案件受注のチャンスです。その頃から、エア行列だけは心得ていたので、少し間をおいて、「何とかしますよ」と返事をしましたが、心の中では小躍りしていました。

紹介していただいたのは弁護士の方だったのですが、独立前は士業専門のウェブサイト制作もやっていたのでノウハウも活かせそうです。しかも弁護士なので、お金を持っていることは間違いなさそう。これはチャンスです。

●思ってもみなかった衝撃的なひと言

顔合わせ当日、今ではほとんど着なくなったスーツで決め、事務所へ向かいました。ウェブサイト制作のサービス内容について説明を終えたところでは、かなりいい雰囲気になりました。士業のウェブマーケティングについての経験談も心に響いたようです。

「では、いちおう見積書を送ってください。依頼はすると思いますから」

やりました。事務所サイトではなく、業務特化型のサイト制作なので、SEO対策もしやすく、成果を出せる自信もあったので、やる気満々で会社に戻り、その日のうちに50万円の見積書を送りました。翌日にはすぐにOKの返事。契約書は写真撮影を兼ねた初回打ち合わせのときに持参することにし、日程を決めました。

当日も和気あいあいとした雰囲気の中、写真撮影は進みました。ひと通り撮り終えたところで、次はウェブサイトの詳細を詰める段階です。ところが、そこで空気が一変したのです。

「実は、この業務のホームページはすでに持っているので、新規制作ではなく、少しずつ改善していきたいのですが……」

50万円の見積りが通ったと思い、喜んでいた私に衝撃が走りました。ただ、そこで慌てふためくのもよろしくないと思い、

「なるほど、わかりました。では、まずはホームページを改善していき、成果が出たらリ

ニューアルを検討することにしましょう」と、気持ちを悟られないよう注意して返事をしました。ところが、さらに衝撃的なひと言が待っていたのです。

「月1万円でやれるだけやってみてください。とりあえず3ヶ月」

●呆然の幕切れ

「1万円でやれるだけ」というカウンターパンチに、しばし思考停止状態に陥りましたが、せっかくの依頼なので、その後に繋げるためにも引き受けることにしました。もちろん、今ではあり得ない話ですが……。

「3ヶ月間、1万円」という枠など考えずに改善に励みました。ヘッダー画像を訴求力のあるものに変え、文章を読みやすくリライトし、フォームの改善まで実施。文章だらけだったサイトにどんどん図や写真を追加しました。とくにSEO内部対策はうまくいき、2ヶ月目には狙ったキーワードで上位表示に成功させることもできました。

「これは満足してもらえるはずだ」。期間終了時に、これまでの報告も兼ねて訪問しました。お会いするなり、満面の笑みを浮かべていたので、「ひょっとしたら別業務の専門サイトでも依頼してもらえるのか?」と内心ドキドキです。

「いや〜、ありがとうございました。おかげ様で、かなりよいホームページになりましたよ。

本当にありがとうございました」

語尾はすべて過去形でした。お客様を満足させることには成功したのですが、甘い期待に裏切られました。

●ああ、私の反省点

見積書にＯＫをもらった時点で安心してしまい、**契約を後回しにしたことがまず失敗**です。「口約束も契約になる」なんていう理屈は、現場ではそうそう通じません。また、次の依頼を勝手に期待し、無理な注文を受けてしまったことも反省点です。

もちろん、今の仕事に全力で取り組むことで、次の依頼をいただけることはありますが、それにしても**無理な注文は、きっぱりと断る**ことが大切です。中には、次の仕事をちらつかせて値引きを要求してくる会社もあります。**工数に対する適正な料金はもらう**ようにしましょう。そのためにも、料金表が必要になってくるわけです。

売上げが少ないときは、ついつい自分を安く売ってしまいがちですが、「貧乏金なし&暇なし」という悪循環に陥らないよう、ご注意ください。

【教訓】◎契約してからがお仕事です
◎安売りは身を滅ぼす

２００万円の夢だけはいただきました

●思いも寄らない「おいしい話」

ＬＰＯツール「ココマッチＬＰＯ」の開発には、資本金４００万円のうち、ちょうど半分を投下しました。分割払いでしたが、独立とほぼ同時に２００万円が消えていったのです。

サービスをリリースして１ヶ月経った頃、とあるＩＴ企業からコンタクトをいただきました。ＬＰＯツールをＯＥＭで提供してほしいと言うのです。販売パートナー制度はすでに公表していましたが、思いも寄らない要望に少し戸惑いながらも、他ツールのＯＥＭについて、相場や提供方法について調べることにしました。

結論から言うと、初期費用として数百万円単位でもらえそうです。２００万円で開発したツールを数百万円で提供するのは、ちょっとおかしいかな？　と思いましたが、単にコストの問題だけではありません。ＯＥＭだと大幅に開発期間が短縮できますし、機能追加等のバージョンアップも、こちらに合わせることができるというメリットがあります。

技術的なことはさすがによくわからないので、打ち合わせは開発をしてもらった会社で行ない、契約の前段階まで話はトントン拍子で進んでいったのです。ちなみに見積りは、初期費用200万円に加えてランニングコスト（保守費用）です。わが社側の作業はほとんど発生しないので、半分は開発元の会社に支払うのですが、それでも100万円に加えて、毎月それなりのストックが入ってくる、おいしい話でした。

●準備不足のつけ

ところが、あるときから先方の動きが遅くなってきたのです。メールの返信が遅くなり、次回打ち合わせ日程も、「少し待ってください」と言うのです。

それから1ヶ月。いい加減、待ちくたびれたので、担当者に電話してみたところ、

「すみません、川島さん。社内で話がまとまらないので、今回のお話はなかったことにしていただきたいのです」

一瞬、目の前が真っ暗になりました。

「わ、わかりました。話がまとまるようでしたら、ぜひまたご連絡ください」

電話を置き、しばし呆然。気持ちを切り替えるのに2日ほどかかりました。

話はそれだけではありません。それからさらに数ヶ月後、その会社がLPOツールの開発に乗り出したということを知りました（結局、リリースまで至らなかったようですが）。

うまい話には裏がある。これは心の奥に常に持ち続けておきましょう。このケースは、最

初から自社開発を念頭に、ＯＥＭの話をチラつかせて、ユーザーの需要やツール開発の技術的なことを聞き出そうとしたのではないでしょうが、もともと技術的には自社開発できる会社だったので、途中で、「だったら自社開発してしまおう」と方向転換したのだと思います。

こんな話はビジネスでは日常茶飯事なので、ショックではありましたが、さほど問題ではありません。今回の例で一番学んでいただきたいことは、ＯＥＭ提供するのであれば、**それなりの準備をしておくべきだ**ということです。

「工数をかけずとも、ツール利用者を登録するのと同じ要領でＯＥＭ提供できるシステム作り」「ＯＥＭ提供先やすべての顧客情報を管理できるデータベース」「営業用パンフレットやマニュアル作り」等です。

こうした準備をしておけば、比較的安い価格でＯＥＭ提供でき、売上げの20～50％をもらうといった契約でストックを増やすこともできます。ＯＥＭの需要がなければ無駄な投資になりますが、少なくともこの会社を含めて5～6社から引き合いがあったことを考えれば、それくらいの追加投資はしておくべきだったのかもしれません。

【教訓】◎あるひとつのサービスの売り方は、ひとつではない
◎性善説は私生活だけと心得る

料金不払いに何も言えなくて……

●「そんな話は聞いていない」で泣き寝入り

ＬＰＯコンサルタントという肩書きで仕事を始めたこともあり、当たり前ですが、ランディングページ制作の案件も入ってくるようになりました。いわゆる1ページ完結型のランディングページです。今は、ライティング込みで30万円～（ボリュームにより要見積り）という料金設定ですが、当時はちょうど半分の15万円で、写真撮影からコピーライティング、制作まで、一切合切を引き受けていました。

ランディングページ制作は、お客様の要望によっては作って終わりということもあったのですが、反応を見てブラッシュアップしていくことが重要なので、運用費をいただくことを基本としていました。と言っても、月々５２５０円という低価格でしたが。

あるとき、業界ではそこそこ有名な企業から依頼をいただき、ランディングページ作りに取り組むことになりました。私の悪いクセなのですが、「この案件が成功すれば、ウッブサイトリニューアルなどの大きな仕事に繋がるかも」という期待から、15万円で2本のランディングページ制作を引き受けてしまったのです。月額運用費は2本分の1万５００円。

3回ほど打ち合わせや写真撮影に通い、何度かのデザイン変更にも応え、半月ほどでリリースまでこぎつけました。納得の仕上がりです。リリース後もクライアントの要望に応じて微調整を実施しました。

毎月恒例の料金請求の日になりました。1件1件感謝しながら、請求書を送付するのが楽しみでもあり、身が引き締まる時間でもあります。

しかし、月末の振込日になっても、そのクライアントからの入金は確認できませんでした。「あれ？　初めてだからミスがあったのかな？」と思い、翌日連絡をしてみたところ、「毎月コストがかかるなんて聞いていない」と言うのです。

口頭でも伝えたし、契約書にもちゃんと書いてあるのに、聞いていないとはどういうことでしょう。いくら電話で説明しても、「いや、聞いてないし、知らなかったから払いません」の一点張りです。

少額訴訟を起こすほどの額でもなく、相談する顧問弁護士もいないので、結局、泣き寝入りするしかありませんでした。

●リスク回避の方策を講じよう

契約書なんて、しょせん紙切れです。契約を交わすことは必須だし、順守しなくてはならないものですが、いったん開き直られると解決には相当な時間とコストがかかります。高額案件であれば話は別ですが、数千円、数万円でいちいち少額訴訟を起こしていては、逆に損をすることになりかねません。時間も無駄にかかってしまいます。

リスクを回避するには、**料金を完全前払いにする**か、サービスや料金によっては**少し先まで一括でいただく**という方法があります。LPOツールで実施している、「年間一括払いで2ヶ月無料」もこうした経験が引き金になり始めたのですが、キャッシュフロー改善にも役立っています。

とくに、初めておつき合いする企業とは、先払いや一括払いの交渉をしてみましょう。本当に大きな企業であれば未払いなんて考えられませんが、中小零細企業ではよくある話です。

また、1本分の料金で2本作ってしまったのもいけませんでした。先方の要求を簡単に了承してしまったことで、ナメられたのかもしれません。

世の中、善人だけなら苦労はしないのですが、なかなかそうもいきません。こういった苦い経験から学ぶところは学び、ビジネスの円滑化に役立てていきましょう。

【教訓】◎キャッシュフローは小さな会社の生命線
◎振込みを確認するまでは売上げではない

ビジネスで「いい人」ではいられない

●「話を聞いてみたい」だけ？

「いい人」でいることは、ビジネスにおいては注意深くなる必要があります。「言いなりの人」になってしまっては、損ばかりが待っているからです。

今、わが社のウェブサイトには、こんなことが書いてあります。

Q　一度、話を聞いてみたいのですが？

A　この問い合わせが一番多いのですが、残念ながらすべての企業様にお会いしている時間が取れない状況です。「じっくり話を聞いてみたい」という場合、お試しコンサルティング（10万5０００円・交通費別途）のお申し込みをご検討ください。

読み返してみると、さすがに突き放しすぎかな？　とも思いますが、ここに至るまでには、「いい人」で損ばかりしてきた経緯があるのです。

わが社も2期目に入ってから、企業からポツポツと相談をいただくようになりました。正確に言うと、具体的な相談というよりも、「話を聞いてみたい」というコンタクトです。しばらくは、「まぁ、話を聞いてみないと何とも言えないよな」と、多少遠方でも訪問していました。月額5250円のツールに関する相談でも、こちらから足を運んでいたのです。そんなことが半年ほど続いたとき、あることに気がついたのです。

「話を聞いてみたい」という人の90％以上は、本当に「話を聞いてみたい」だけの人だ、ということです。成約率は、サービスにかかわらず、10％にも満たない非効率的な結果が見えてきたのです。

●防御策を講じても、まだまだ……

みなさん、決して嘘をついているわけではないので、悪い人ではないのですが、面談することで相手の時間を使うことがどんなことか理解していないのです。こちらとしては、貴重な時間を割くわけですから、たまったものではありません。

営業マンを何人も抱える大きな会社であれば話は別で、マンパワーを活かしてゴリゴリ営業すればいいと思います。しかし、小さな小さな会社の場合、こちら側から防御線を張らなくては、他の業務に支障をきたしてしまうだけなのです。

コンサルティング業務については、当時はフロントとして有料の「お試しコンサルティング」ではなく、無料コンサルティングという選択肢を用意していました。まずは自分という商品を見定めてもらうためです。

これも失敗でした。「話を聞いてみたい」と同様、「この本を書いた著者に会ってみたい」という動機だけの人が大半だったのです。

しかも、無料にもかかわらず、「まず与えよ」の精神で、2時間という枠はありましたが、何でもかんでもアドバイスしていたのです。

「おかげ様で、現状の課題がはっきりし、今後のウェブマーケティングで注力すべきこともわかりました。本当にありがとうございました」

と、満足しきったお礼のメールばかりが増えていきました。

さすがに、このままではいけないと思い、防御策として、「会いたい」という人に対しては、現状をざっとお伺いし、ざっくりとした方向性を示すだけで話を終えることにしたのです。

しかし、いざ現場に行くと、「いい人」モード全開。せっかくコンタクトしていただき、川島康平に期待しているのだからと、相変わらず、「まず与えよ」から何のリターンもない月日が流れていったのです。

●もう一歩のクロージングを

しかし私の場合、幸いにもいきなり本命のコンサルティング案件を申し込んでくれた会社があったので、ストックが溜まった段階で、フロントエンドを有料の「お試しコンサルティング」に変え、基本的に無料では会わないという方向にシフトすることができました。

今になって思えば、**無料コンサルティングの後、バックエンドに繋げる施策を何もしていなかったことがNG**でした。

営業ベタなので、「それで、こちらがコンサルティングの料金表なのですが……」「私が入りますので、一緒にウェブマーケティングに取り組んでいきましょう」といったクロージングを何ひとつ行なっていなかったのです。

ビジネスにおいて、「ガツガツ営業しては、カッコ悪い」なんて、自意識過剰な思いを持たないでください。

【教訓】◎自分の時間を安売りしない
◎いい人とは「都合のいい人」に過ぎない

名刺をリスト化してメルマガをスタートしてみたら……

1500枚のお宝

起業して1年が経とうという頃、徐々にストックが増え、何とか食べられるまでになっていました。そこで時間的なゆとりはありませんでしたが、次のステップのために「何かやろう」と思いました。

正確には、「何かやろう」ではなく、「いい加減、メルマガを始めなければ」という思いが湧いてきたのです。メルマガは独立前から経験があったし、時間はかかりますが、うまくやれば今でも最強の販促ツールになることが感覚的にわかっていたからです。

とは言え、ゼロから読者を集めていくのは並大抵のことではないし、集まるまでは何とも寂しいものです。ほんの数名の読者に向けて、1〜2時間かけて執筆するなんて、ちょっと耐えられそうにありません。

そこで選んだ道が、名刺をリスト化することです。幸い、名刺は独立前からセミナーを主催したり講演していたこともあり、ざっと1500枚ありました。1年間、このお宝を放置していたのかと思うとゾッとしました。その中から、顔が思い浮かぶ人を中心に500枚をピックアップしました。

さすがに、「この人誰？」という人に送るのは気が引けたからですが、どうせやるなら全部リスト化したほうがよかったかもしれません。

暇な時間を見つけて、名刺のメルアドや名前をデータ入力していこうと思いましたが、20枚ほど打ったところであきらめました。「これは俺がやることじゃない」と、どこかで聞いたフレーズに従い、業者に依頼したのです。

これは本当に正解でした。ほんの数日で住所や肩書きまで完全にリスト化されたのです。「お金で時間を買う」という考え方は、業務のアウトソーシングもそうですが、スタッフを雇うときにも大切になってきます。

●パワーのあるメルマガとは

さて、私のメルマガ、「日本繁盛化計画」は500人のリストでスタートすることになりました。ほとんどが知人や顔見知りでしたが、とにかくいい内容のメルマガを送れば、何かしら反応があるだろうと思い、創刊号は3時間以上かけて書きました。

「前置き」と「ウェブマーケティング初心者向けコンテンツ」「お知らせ」「編集後記」という比較的短い構成です。

メール配信後、さっそく数名からコンタクトがありました。「がんばってますね」「起業していたんですね、驚きました」「応援してます」等、仕事に結びつく内容ではなかったのですが、とてもうれしかったです。

一方、さっそく配信解除する人も相当数いました。こちらの都合で起業1年後にリスト化し、オプトイン方式ではなく、いきなり創刊号を送りつけたのですから当然ですが、一割の50名近い人が解除したことはショックでした。

ちなみに、メール配信ツールの機能で、誰が解除したかわかるのですが、「あんなに飲みに行った、あの人まで……」「先週も会ったのに」という、ショックな解除もありました。

メルマガは毎日、最低でも週1回は出さないと大きな成果は見込めません。

また、よほどの有名人や影響力のある人なら別ですが、コンスタントに質の高いコンテンツを配信し続けられる人だけが、メルマガをメインの販促ツールとして活用できるのです。

私の場合、最初から月に2回と決めてメルマガを始めましたが、会社がもっと組織化でき、ゆとりができたら頻度アップするつもりです。

●キレイ事だけでは起業はうまくいかない

四の五の言わずに、メルマガをやりましょう。リストは財産ですから、私のように1年も眠らせるのはもったいないことです。できるだけ早い段階、できれば独立当日からでも配信する準備を整えてください。

名刺宛てにメルマガを送ることは、嫌がられる行為ですが、キレイ事ばかりではうまくいかないのが起業です。クリック一発で解除できるようにしておけば、嫌な人は解除すればいいだけなので、特段、気にすることはありません。

どうしても気になる人は、まずは名刺をリスト化し、独立の挨拶メールからオプトイン方式でメルマガ登録してもらえばいいでしょう。ただし、登録率は本当に低いと思いますよ。

【教訓】◎良質なメルマガは今でも最強の販促メディア
◎アウトソーシングは時間と自分以上の力を買う行為

欲望に目が眩んだ見積書

●旧知の人からの依頼

半ば強引にスタートしたメルマガですが、ポッポッと仕事の問い合わせが来るようになり、ウェブサイト制作の受注やLPOツールの販売にも貢献するようになってきました。

そんなある日、旧知の人から一通のメールが届きました。「通販の売上げが伸びてきたので、きちんとした通販システムを導入して、売上げをさらに拡大したい」と言うのです。もちろん断る理由はないので、渋谷の喫茶店で会うことになりました。

「ショップサーブ」や「カラーミーショップ」といったサービスを使えば、比較的容易に通販サイトを構築できるので、そのレベルでいいだろうと思っていたのですが、話は少し違いました。

定期購入やレコメンドエンジンといった機能は、一般的なサービスでも導入可能なのですが、会員専用画面や商品個別ページへのこだわりが細かく、ECキューブ等、カスタマイズが自由なオープンソースを使わなければむずかしそうです。「これは他社の力を借りるしかないな」と思い、ネットでいろいろ調べ、とある会社に相談に行きました。

その会社は、ストック収入に重きを置いているらしく（と言っても、法外に高いわけではない）、ＥＣキューブのフルカスタマイズを20万円を切る価格で提供していたのです。担当の人は私の本を読んだことがあるらしく、気が合いそうだったので、私がディレクションをして、制作はこの会社に一切合切お任せすることにしました。

●求めているものが違う？

とは言え、知り合いの希望通りの機能を実装するにはプラス80万円以上かかるため、仕入れに総額１００万円かかります。ディレクションがメインの私は、構築期間約２ヶ月として30万円いただき、約１３０万円で見積りを出そうとしたのですが、そのとき悪魔のささやきが聞こえてきました。

「自社より下請けのほうが利益が大きいなんておかしいでしょう？」

売上げは安定してきていましたが、このへんで大きな案件がほしいと思っていたこともあり、倍額に近い２５０万円で見積りを出してしまったのです。制作費というものは、やろうと思えばいくらでも調整できるという点で、怖さも含んでいるのです。

「まぁ、これくらいはかかるでしょうね」

見積書を見た相手の反応はいたって普通に見えました。想定内の見積りだったようです。

それどころか、「せっかくなので、この機能やこんな機能も足したいですね」と、やる気満々です。機能追加についてその場でいろいろ質問されましたが、もちろん技術的に細かいことまでわかるわけもなく、後日返答することにしました。

再度の見積りを出した直後、電話をもらいました。

「この機能について、こんなことはできますか？ この機能に、さらにこんなオプションをつけられますか？」

文字通り矢継ぎ早の質問ラッシュに戸惑いながらも、要望をヒアリングし、「制作会社に質問→見積りのやり直し」の繰り返しが何度か発生しました。

そのときの私は、何の役にも立たない、右から左の伝言役に過ぎませんでした。プロフェッショナルとは名ばかりの木偶の坊もいいところです。本来、自分は不要な存在だと薄々気づきながらも、「得意分野である通販サイトのキャッチコピーでがんばればいい」と信じ込もうとしていました。

日常業務の合間にそんな調整を繰り返して2週間。携帯電話にその方から連絡が入りました。ようやく決めてくれたかとホッとしながら話を伺うと、

「いろいろ提案や見積りありがとうございました。でも、私が川島さんに求めていたのは、川島さんならではの誰もが見やすく読みやすいホームページなんです。依頼するようなら、

また連絡します」

もちろん、それからコンタクトは一度もありません。

●お客様が本当に望んでいたことは何だったか

要望をいただいた機能を追加するたびに、見積りの額が大きくなっていき、**お客様が本当に望んでいたことにまったく気づかなかった**のが失敗です。

たしかに、喫茶店でお会いしたとき、私が作るウェブサイトを褒めていただきました。本来は、そちらの方向からも、もう少し細かい提案をすべきだったのに、すっかり忘れて「機能＝追加料金」ばかりに目が行っていました。また、見積りに時間がかかり過ぎたことで、その後の制作にも不安を抱かせてしまったのだと思います。

もちろん、お客様の求めることにすべて応えることが、よいサービスというわけではありません。案件の目的に合わせ、**ときにはお客様を説得し同じ方向を見てスタートする**ことが大事なのです。

【教訓】◎本音は小さなひと言に隠されている
◎身の丈に合った仕事と見積りを心がける

7章 これから独立する人へ

今、ウェブ屋として独立するのは
たしかに厳しい環境があるでしょう。
しかし、本文でも書いたように
チャンスの目はたくさんあるのです。
それをどう見つけ、開拓するかは
あなたしだいです。

ウェブ屋という仕事

●あなたの仕事はクライアントの売上げに直結している

ウェブ屋の使命は、クライアントを繁盛させることです。この傾向はマーケティング寄りの業務に手を広げるほど強くなります。

世の中には、たくさんの仕事がありますが、クライアントの売上げにこれほど直結する仕事は珍しいのではないでしょうか？　相手が中小企業であれば、なおさらこの度合は強まり、売上全体の数十%をウェブサイトやリスティング広告に頼っている企業もたくさんあります。

そこで常にイメージしてほしいのが、今、**自分が目の前でこなしている仕事は、単なる制作作業、数値いじりではない**ということです。

あなたのデザインひとつがクライアントの売上げを左右し、あなたの広告運用が売上げを爆発させる可能性を秘めている、そういう仕事なのです。売上げが上がれば、社員のボーナスが増えるかもしれません。逆に売上げが下がれば給料が下がるかもしれませんし、リストラで退職となる人が出てしまうかもしれません。

●信頼感で結びついた関係を築く

頭でわかってはいても、忙しさのあまり、日頃は頭の片隅からも消えてしまっているかもしれませんが、こういった視点を深く定着させるためにも、ぜひ制作からマーケティング寄りに枠を広げてみてください。

正直、責任を感じすぎると、精神的にキツいし、追い込まれてへこむこともあります。思いきり期待されて受注したのにまったく結果が伴わないときなどは、クライアントの前で思わず涙してしまうかもしれません。

しかし、私がいまだにこのスタンスで仕事をしているのは、責任が重くなるほど、上手く軌道に乗ったときの喜びが大きいからです。

クライアントと何度も直接お会いして信頼を築くことができれば、ちょっとやそっとの低迷で切られることはありません。むしろ、両社でともに困難を乗り越えていこうという一体感を得られるものです。ウェブ屋の仕事と言っても、人間対人間のおつき合いですから。

一介のウェブ屋がそこまで責任を負う必要があるのか？　という思いを抱く人もいるでしょう。もちろん、契約書上で売上げの保証をすることなんてありません。

これは責任論ではなく、**ウェブ屋としての誇り**だと思っています。

人生に無駄はひとつもない

●自分の身に起きたことだけが現実

隣の芝生は青く見えます。同じ時期に独立した人が海外進出したとか、同業が、がんがん営業をかけて売上げを上げているとか、ほしくない情報でも、Facebook や Twitter、口コミで入ってきてしまうのが今という時代です。

このような本を書いておきながら言うのも何ですが、本は予備知識にはなりますが、そこに現実はありません。**現実はいつだって自分だけのもの**だからです。

いくら「ストックを増やすことが大事です」と言われても、独立して実際にお金に困ってみて実感しなくては、本当の意味でその大事さは理解できないでしょう。理解できないと言うより、目の前にある現実問題として考えられないと思うのです。自分は大丈夫だろうという過信もあるでしょう。

私も独立前からビジネス書は好きで、普通の人よりは多く読んできましたが、その中のサジェスチョンも、自分の身に降りかかってはじめて、自分ごととなるのです。「やはり、こうなんだな」「あの本に書いてあったことって、こういうことなんだ」と実感できるのです。

ストック不要のビジネスだっていくらでもあるし、毎年、フローのみで信じられないほど売上げを伸ばしているウェブ屋だってあります。デザイナーとして抜きん出た実力があれば、それで成功することもできるでしょう。

経験のひとつひとつが武器になる

この本に書いてあることは、あくまでも私がたどってきたリアルであり、これしかないという正解ではないことは理解してほしいのです。

今、うまくいっていて、メディアでチヤホヤされている会社や、ブランディングに成功している著名人にしても、いつまでその座をキープできるかなんてわからないし、そのプロセスは参考にはなりますが、正直、私やあなたには関係のない話なのです。

ただ、あなたがこの本を手に取ったということは、少なからず独立を視野に入れているのだと思います。であれば、ぜひ一度はチャレンジしてほしいのです。独立・起業という勝負に。

人生に無駄なことはひとつもありません。この言葉をリアルに感じる日が、きっとくるでしょう。私の場合、大学時代の登山の経験が年配の経営者との格好の話題になるし、カメラが趣味だったので、お客様の写真撮影も自分でやってしまいます。その他もろもろ、自分が今まで経験してきたこと、積み重ねてきたことのひとつひとつが、独立後も武器として役に立っています。

●一国一城の主の魅力

また、たとえ倒産ということになったとしても、その経験がまた次の勝負に活きてくるはずです（なんて言うと、キレイ事かもしれませんね）。

本音では、一度独立すると、もう二度とサラリーマンに戻れなくなると思います。戻ったとしても、機会をうかがってまた勝負の地に立つことでしょう。

裏を返せば、独立にはそれだけの魅力があります。自分が決めたことを自分が決めた通りにできる。儲かればストレートに自分の懐が暖かくなり、儲からなければ通帳を見て次の一手を考える。生きている実感をこんなに味わえる選択肢が他にあるでしょうか？

私もまだまだ小さな会社の経営者兼プレイヤーに過ぎませんが、一国一城の主として充実した日々を過ごしています。風邪なんてひいている暇もないくらいの日常の中で、泣きそうなくらい切羽詰まった状況に追い詰められることもありますが、クライアントから泣きそうなくらいの感謝の言葉をいただくこともあります。

そのひとつひとつが、自分の人生を築きあげていると思っています。

キャッシュさえあれば倒産しない

●「ストック型のビジネス」と「キャッシュフロー」

私は独立して3年間は、一部業務で外注を使う以外、たった一人で株式会社ココマッチーをやっていました。その間、過労で倒れ、2週間の入院と2週間の自宅療養を余儀なくされたこともあります。東日本大震災のときは、通勤に使う路線の関係で1ヶ月近くまともに会社に通えない状況が続いたこともあります。

それでも何とかやってこられたのは、ひとつはストックがあったことです。本書で何度も述べている**ストック型の課金ビジネスは本当に心強い味方**になります。会社の売上げは営業やブランディングといった自社の要素だけではなく、家族や健康といったプライベートなこと、はたまた震災といった外部要因にも左右されます。震災後、イベントのキャンセルが続き、イベント関連会社が数多く倒産したことは記憶に新しいのではないでしょうか。

様々な要因で新規案件がまったくない時期が続いたとしても、ストックで何とか会社と生活を維持することができれば、よほどのことがない限り、倒産することはありません。

もうひとつは、**キャッシュフロー重視の経営**です。私が経営を語るのはおこがましいのですが、独立当初から、**「現金がなくならなければ倒産しない」**という単純な法則に気づき、どんぶり勘定ながらも、その点だけは常に注意していました。税理士さんが来るたびに、領収書の山を渡して、決算報告書も数分しか見ないという人間ですが、キャッシュフローだけは本当に気をつけていたのです。

●毎月、「売上げ」と「支払い」をチェック

ウェブ屋の一人企業の場合、必要経費は役員報酬以外、「事務所代」「光熱費」「交通費」、その他細々としたもの程度しか、かからないのも大きいと思います。通販の場合は、売上げより先に仕入れが発生するし、飲食店の場合は、残った料理や素材は損失となります。そういった日々のリスクがないありがたさは、スタッフが増えた今でも実感しています。

キャッシュフロー表はExcelレベルでいいので、つけておきましょう。勘定科目とかは税理士さんに任せしてしまい、クライアントやサービスごとにどれだけの売上げがあるかを月ごとにチェックしましょう。支払いについても同じようにつけておくだけで、簡単に今月は黒字か赤字か、月末の振込を乗り越えられるかどうかがわかるので便利です。

とにかく中小企業はキャッシュフローが命です。この生命線だけは、奥さんや彼女の誕生日並に気をつけておいてください。

生き残るための支払サイト最短化計画

●「末払い」を防ぐ方法

キャッシュフローが回れば絶対倒産しない、という理屈は理解できると思います。理解できたら、お金の流れをさらによくするにはどうすればいいか、を考えなければいけません。そこで鍵になるのが、**支払サイトをいかに短くするか**ということです。

ウェブサイト制作の場合、税務上はサイトのリリース月の売上げとなりますが、そんなことはどうでもいいのです。「いつもらうか？」「今月でしょ！」が、キャッシュフローそのものなのです。

たとえば、100万円の制作費をリリース月にもらうことにするのは、もっとも危険です。当初予定していたよりリリースが延びることは日常茶飯事だし、途中でクライアントが倒産したり、ギブアップする可能性だってゼロではないからです。

初期制作費については半額を契約時、半額をリリース時にもらうのが一般的なようですが、わが社は基本的に**契約月の月末に全額お支払いいただく**ようにしています。これなら、たとえお客様都合でリリースが半年後、1年後になったとしても、キャッシュフロー的には何ら問題ありません。役務消化という問題はありますが、あくまで現金主義を貫いてください。何かしら**ツールを提供する場合は、前金制**を強くお勧めします。利用開始月と翌月分を合わせて前金でいただき、3ヶ月目以降の分も先に頂戴するのです。

わが社の「ココマッチLPO」や「ココマッチSEO」の大失敗は、まさにこの点でした。ツール利用料金を翌月末払いにしたため、未払いが本当に多いのです。未払いだけで軽く50万円を超えた月も一度や二度ではありません。個人事業主も法人も関係ありません。払わないところは払わないものです。

●こちらのルールを伝えよう

未払いが発生すると、督促という精神的に疲れる業務が発生します。8割方のお客様はメール一発で支払ってもらえるのですが、そうでない場合は電話をするしかありません。このとき、一人企業のデメリットが出てきます。社長自ら取り立てをやっているとバレてしまうことがあるのです。最終兵器であるはずの社長が最前線に出ていることで、ナメてかかってくる会社もありました。

一番酷いのは、明らかに最初から払う意志のない人です。そういった人の会社名を調べると、他でも同じようなことをやっているらしく、Twitter や Facebook で散々なことが書かれていたりします。私も一時むきになって、ある個人事業主に対してFacebookメッセージで取り立てたことがあります。

それはそれで上手くいったのですが、最初に言ったように、督促というのは本当に疲れるし、時間も取られるので、ツールは前払い制を導入しましょう。

「払わなかったら、即停止。以上」

これができると楽になります。

ある程度、大きな企業が相手になると、「わが社の支払サイトは翌々月末と決まっています」というマイルールを強引に課してくるところもあります。こういった場合でも、すぐにはYESと言わずに、こちらのルールがどうなっているかを伝えると、1／3くらいはOKしてもらえるようです。

金がないなら笑えばいいさ

● 笑えないと営業もうまくいかない

ウェブ屋として独立して、すぐにどんどんお金が入ってくるようなケースは、本当にひと握りの優秀な人間だけだと思います。私も1期目は毎月死にそうでした。キャッシュフローが回る回らない以前の問題で、売上げが立たなかったからです。

月末処理のたびに、「えいやっ！」という気持ちでネットバンクの残高を見て、「ふぅ、今月も生き残ったか」と、小学生のお小遣いレベルの通帳残高を見て喜んでいました。残高800円ということもあり、毎月5日の税理士さんの顧問料の支払いを待ってもらったこともあります。

このようなことを書くと、「やはり独立なんて止めよう」と思われるかもしれませんが、これはあくまでも私の経験に過ぎません。こんな経験をしてほしくないというのも、この本を書いた理由のひとつです。

「貧乏金なし」です。でも、この仕事は仕入れが少ないので、乗り切ろうと思えば何とかできます。役員報酬を入れなければ、たいていのピンチは乗り切れます。

むしろ、金がないという状況をいつかネタにできると思って、笑って過ごしてほしいのです。ここで笑えないと営業もうまくいかないし、よいクリエイティブもできなくなります。また、儲かっていないオーラが出てしまうと、ブランディングも何もあったものではありません。

●人脈は相手を認めてできるもの

ここだけの話、ウェブ屋だけでなく、一人企業で儲かっていそうな人でも、80％はうまくいっていないようです。毎月の売上げを立てることがむずかしいと、単発のコンサルティングで日銭を稼いだり、キャンペーンと称してＤＶＤを捌いたりしているのです。お金は大事ですが、**お金よりもっと大事なのは、志や仕事への取り組み、そして人間関係**です。これを信じていれば、貧乏生活も笑って過ごすことができます。

人脈がほしくていろいろな交流会に参加する人がいますが、これもたいてい時間の無駄です。**本当にうまくいく人とは、運命のように自然に出会う**ものです。また、人脈人脈と言う人は他人に依存している人が多いようです。引っ張っていってほしいという欲望丸出しです。

本当の人脈とは、それぞれの努力で同じステージまで登ったときにできるものです。そこまで来たと、力を認められる人同士が共感し、繋がりが始まるものだと思っています。

●本当に困ることなんてそんなにはない

銀行残高が15万円ほどしかなく、今月も役員報酬は全額なんてとても払えないか、と自嘲気味にニヤニヤしていたとき、友人の経営者から一通のメールが届きました。よほど切羽詰まっているらしく、大勢の友人に一斉メールを出したようです。

細かいことは割愛しますが、「緊急に３００万円必要になってしまった。一人いくらでもいいからお金を振り込んでもらえないか」という内容でした。

返済の目処もきちんと書いてあるし、何より起業前から仲良くしていたこともあり、すぐに計算を始めました。「今月の支払いはいくら、生活費として最低これだけあれば大丈夫だろう、だからいくら振り込める」という試算です。

結局、なけなしの15万円のうち、10万円を翌日振込みました。

必要な金額３００万円のうちの10万円ですから、本当に微々たる額です。でも、彼が困っているのだから、いくらでもいいから協力したかったのです。

こういった関係こそ、本当の人脈ではないでしょうか。

金がないなら笑えばいいさ。本当に困ることなんて、そんなにあるものではありません。

生き残ることが最大の武器

●積み重ねでしか得られない数字

これはいろいろなところで目にする数字だと思いますが、会社を設立して1年目に50％が倒産し、5年以内に80％、10年以内に95％が姿を消すというデータがあるそうです。

統計の取り方によって数字は変わってくると思いますが、いずれにしても**10年以内にほとんどの会社が倒産している**というのは事実のようです。いわゆる「100年企業」が注目されているのも、この事実の裏返しなのかもしれません。

私が本当にお金に困っていた時代（今も困ってはいますが）の心のよりどころは、この数字でした。5年でほぼ潰れるということは、5年持てばすごい信用がつくと思ったのです。だから、「どんなにキャッシュフローが苦しくても、どんなにかっこ悪くても、地べたを這いずり回ろうと会社は潰さない」と決めていました。

そして、その考えは間違いではなかったと本気で思っています。

起業して何年経ったという数字は、鍾乳洞からブラ下がるつららのように、時間をかけなければ得られない数字だからです。「クライアントの業績を200％にした」とか、「わが社はこんな点が**USP**（独自の強み）です」などと言うのは、実はさほどむずかしくありませんが、これだけはどうしようもありません。曲がりなりにも会社を4年、5年と続けているという事実が信用に繋がってくるのです。

●チャンスは必ずやってくる

仕事を長くやっていると、思いもよらないチャンスが巡ってくることがあります。「これだ！」と少しでも感じたら、手綱を絶対に離さないでください。

私の場合、いくつかキーポイントがありましたが、経営コンサルタントとして著名な神田昌典氏に呼ばれてのセミナー講演と対談は本当に思いもよらない出来事でした。

サラリーマン時代から、ある意味では崇拝していた、雲の上の存在の方と同じ土俵で話ができるという幸運に恵まれたのです。

きっかけは、やはり本でした。『あの繁盛サイトも「ＬＰＯ」で稼いでる！』を読んでくださった神田氏からご指名をいただいたのです。

これは4期目の中頃の話ですが、問い合わせや新規案件の数が、それを機にますます伸びていきました。

本書の中で何度か登場した北関東の営業代行会社との出会いも、飛躍のひとつの要因です。

USP：Unique Selling Propositionの略。

誰もが知っている大手広告代理店出身の彼らのノウハウや考え方は、確実にわが社の文化にも影響を及ぼしています。

長くやっていると神様からのごほうびとも言えるような話や出会いがやってきます。そのとき、**確実にそれを受け止める**ことがひとつの成功法則と言えるでしょう。

継続は力なり。

これを信じ、5年、10年がんばりましょう。

私とあなたの未来予想図

私の会社の将来像

インタビューや飲み会の場でたまに聞かれることに、「これからの展望」があります。

「川島さんは、今後、会社をどうしていきたいと思っているんですか？」

私は決まってこう言います。

「ウェブに強い船井総研を作りたいです」

ごぞんじかと思いますが、船井総研（株式会社船井総合研究所）は、上場までしているコンサルティングファームです。約６００名のコンサルタントが在籍し、不動産や飲食店等、業種ごとに細かくチーム分けしているのが特徴です（墓石屋専門のチームがあると聞いたこともあります）。

幸いにも、船井総研で活躍している数名の方と知り合いになる機会があり、一緒に仕事をさせていただくことも増えてきました。すると、今までは規模が違い過ぎて実感できなかったのですが、漠然と「こんな会社を作ってみたいな」と思うようになったのです。

●最強の組織作りと新たな展開

個々のコンサルタントが、自分の力でクライアントを開拓するという独立精神がある一方、プロジェクトに合わせてチームを飛び越えてサポートし合う体制。

わが社は、まだまだ私の顔で仕事を取っているワンブランドの会社ですが、こうした体制を築くことで、もっともっとたくさんの中小企業をサポートしたいのです。

リスティング広告運用のお客様にはコンサルティングサービスをつけて、基本的に毎月お伺いしているのは、実は船井総研のマネです。月次支援という船井総研ならではの訪問コンサルティングを、まず形からマネしてみたのです。

全員がプロ意識を持って、独立心を持って動く最強の組織を作りたい。

それが叶えば、現在のクライアントにもっと良質なサービスを展開できるはずですし、お世話になっている方々に仕事で恩返しできると思っています。

一方、コンサルタント業以外にも、いろいろやってみたいビジネスがあります。

今までのノウハウを活かし、別会社を作って通販をやってみたいし、ウェブ屋として独立を考えている人を本格的に支援するビジネスにも興味があります。

●あなた自身の未来予想図を描くために

株式会社ココマッチーも、まだ6期目に突入した段階です。

次の5年で赤ちゃん経営者からどう変わるか？　変われるか？　淘汰されているのか？

私自身も楽しみにしています。ある意味、川島康平の一番のファンは自分なのかもしれません。

もしまた、このような本を書く機会があれば、まったく違うことを言っているかもしれません。それは成長なのか、環境が変わったということなのかはわかりませんが、独立して小さいながらも成長してきた自分が、「今」伝えたいことは、ここで包み隠さずお話ししたつもりです。

あなたの未来予想図を描くために、この本が少しでも役に立つことを心から願っています。

著者略歴

株式会社ココマッチー 代表取締役
LPO コンサルタント

川島 康平（かわしま こうへい）

1974年生まれ。明治学院大学経済学部卒業後、株式会社朝日ネットに入社。テクニカルサポート、Webサポート部の部門長を歴任。

同社を退社後、ウェブ・ディレクター、ウェブ・デザイナーとしてベンチャー企業2社で修業を積みながら2冊の著書を出版。ウェブ専門誌でコラムを執筆する等、独自のウェブ・マーケティング理論はメディアからも注目を集める。

2009年3月に独立し、株式会社ココマッチーを設立。ウェブサイト制作、コンサルティング、ASP型サービスを中心に事業を展開。2009年5月、業界最安値の高機能LPOツール「ココマッチLPO」をリリース。

2012年にはリスティング広告の運用広告費が1億円を超え、著名な経営コンサルタントである神田昌典氏との対談や同氏主催のセミナーで講演を行ない、週刊ダイヤモンドの特集に取り上げられる。ウェブという範疇を超えた幅広いビジネスモデルやマーケティングの知識には定評がある。

著書として、『あの繁盛サイトも「LPO」で稼いでる！』『お客をつかむウェブ心理学』（同文舘出版）、『ホームページをリニューアルしたいと思ったとき読む本』（あさ出版）、『1000人のマーケットで1億稼ぐ！』（すばる舎）がある。また、「web creators」「販促会議」「Business Risk Management」誌等で、コラムを多数執筆している。


ウェブ・デザイナーが独立して年収1000万円稼ぐ法

平成26年3月28日　初版発行

著　者 ―― 川島　康平
発行者 ―― 中島　治久

発行所 ―― 同文舘出版株式会社

東京都千代田区神田神保町1-41　〒101-0051
電話　営業03（3294）1801　編集03（3294）1802
振替 00100-8-42935　http://www.dobunkan.co.jp

ISBN978-4-495-52671-9

印刷／製本：三美印刷　Printed in Japan 2014